Pt

奇妙的
元素周期表

THE PERIODIC TABLE
A Visual Guide to the Elements

[英] 汤姆·杰克逊 （Tom Jackson）著

王艳红 译

人 民 邮 电 出 版 社

北 京

图书在版编目（CIP）数据

奇妙的元素周期表 / （英）汤姆·杰克逊
（Tom Jackson）著；王艳红译. -- 北京：人民邮电出
版社，2018.10
ISBN 978-7-115-48960-9

Ⅰ. ①奇… Ⅱ. ①汤… ②王… Ⅲ. ①化学元素周期
表—普及读物 Ⅳ. ①06-64

中国版本图书馆CIP数据核字(2018)第168371号

版 权 声 明

◆ 著　　　[英]汤姆·杰克逊（Tom Jackson）
　　译　　　王艳红
　　责任编辑　刘　朋
　　责任印制　陈　犇

◆ 人民邮电出版社出版发行　　北京市丰台区成寿寺路 11 号
　　邮编　100164　　电子邮件　315@ptpress.com.cn
　　网址　https://www.ptpress.com.cn
　　涿州市般润文化传播有限公司印刷

◆ 开本：690×970　1/16
　　印张：14　　　　　　　　　2018 年 10 月第 1 版
　　字数：345 千字　　　　　　2025 年 5 月河北第 18 次印刷
　　著作权合同登记号　图字：01-2017-7880 号

定价：68.00 元
读者服务热线：(010)81055410　印装质量热线：(010)81055316
反盗版热线：(010)81055315

内 容 提 要

　　小至一草一木、一沙一石，大至山河湖泊、日月星辰，宇宙间的万事万物都是由各种元素组成的，就连你我的身体也不例外。自宇宙大爆炸起，元素开始不断形成。时至今日，我们已知的元素共有118种，其中大部分是自然界中天然存在的，小部分是由科学家在实验室中创造出来的。可以说，只有了解了元素的相关知识，我们才能正确认识所处的物质世界。

　　本书通过可视化的编排形式，生动直观地展示了元素周期表的编制原理和物质的基本性质，同时还逐一介绍了118种元素的基本属性、发现过程、命名、地理分布和实际应用等知识。通过阅读本书，我们可以揭示化学世界的更多奥秘！

目　录

第4章　元素大观园

前 言

元素周期表是一张终极信息图。它把宇宙（至少是我们所看到的这部分宇宙）的脉络以118个单元的形式呈现出来，只要看一眼这些单元（也就是化学元素）在表中的位置，就能对它们有相当多的了解。

元素是无法精炼或提纯成更简单成分的物质。每种元素都是独一无二的，有着独特的物理性质和化学性质，这些性质取决于元素的原子结构。1869年，俄国化学家德米特里·门捷列夫发明了元素周期表，用它把当时已知的元素（大约是现在的一半）组织成一个体系。在这个体系里，随着原子量的增加，其化学性质呈现有规律的变化。门捷列夫的体系以元素的原子结构为基础，尽管当时他并不知道这一点。他的成果超前于时代，直到30年后，人类才发现了第一种亚原子粒子——电子；60年后，研究者们才对原子怎样由亚原子粒子构成有了全面的了解，而这揭示了元素周期表为何如此精妙绝伦。每种元素都是电子、质子和中子等亚原子粒子的独特组合，元素的性质由这些粒子的组合方式赋予。

在这本书里，你会看到这些粒子怎样决定着元素的性质，这些性质怎样千差万别。不同的元素遵循同样的规律，却是如此丰富多彩。有些原子在万物之始就已出现，并将永世长存直到宇宙的末日；另一些原子在死亡恒星内部的熔炉（或者地球上的实验室）里诞生，转瞬即逝。

并非每种元素都有着极端特性，它们绝大多数较为中庸，而宇宙里的物质正是由这些中庸元素构成的，其中包括构成磁铁、发动机和电气设备的金属元素，通过运算创造了现代世界并将通过太阳能拯救未来的半导体元素，还包括支撑地球生命的非金属元素——其他星球上的生命想必也建立在这些元素的基础上。让我们开始这段视觉之旅，去探寻自然的本质吧！

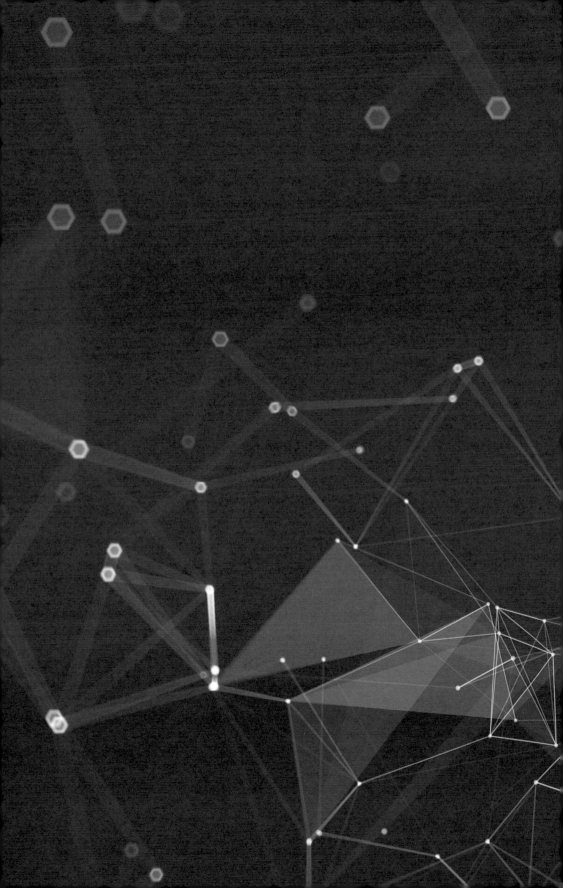

第1章　元素周期表的组成

常用元素周期表

1 H 氢									

元素周期表按原子序数（原子里质子的数量）的顺序列出各种元素。表中的元素排成若干列，也就是若干个周期。这样一来，化学性质相似的元素就处于同一列，即归在同一族。在我们这张表里，性质相似的元素用同一种颜色表示，各种颜色的含义参见右边的图例。

3 Li 锂	**4 Be** 铍
11 Na 钠	**12 Mg** 镁

19 K 钾	**20 Ca** 钙	**21 Sc** 钪	**22 Ti** 钛	**23 V** 钒	**24 Cr** 铬	**25 Mn** 锰	**26 Fe** 铁	**27 Co** 钴
37 Rb 铷	**38 Sr** 锶	**39 Y** 钇	**40 Zr** 锆	**41 Nb** 铌	**42 Mo** 钼	**43 Tc** 锝	**44 Ru** 钌	**45 Rh** 铑
55 Cs 铯	**56 Ba** 钡	**57~71** 镧系	**72 Hf** 铪	**73 Ta** 钽	**74 W** 钨	**75 Re** 铼	**76 Os** 锇	**77 Ir** 铱
87 Fr 钫	**88 Ra** 镭	**89~103** 锕系	**104 Rf** 铈	**105 Db** 𨧀	**106 Sg** 𬭳	**107 Bh** 𬭛	**108 Hs** 𬭶	**109 Mt** 鿏

57 La 镧	**58 Ce** 铈	**59 Pr** 镨	**60 Nd** 钕	**61 Pm** 钷	**62 Sm** 钐
89 Ac 锕	**90 Th** 钍	**91 Pa** 镤	**92 U** 铀	**93 Np** 镎	**94 Pu** 钚

■ 碱金属

碱金属位于周期表的最左侧，是一组性质活泼的金属。它们很软，室温下呈固态，在自然界中从不以单质的形式存在。

■ 碱土金属

碱土金属在室温下呈银白色。它们之所以叫这个名字，是因为岩石里含有这些元素的多种天然氧化物，例如石灰就是钙的碱性氧化物。

■ 镧系元素

镧系元素在周期表下方的特殊区域里占据一行，得名于该系列的第一种元素镧，主要分布在罕见矿物中，如独居石（磷铈镧矿）。

■ 锕系元素

锕系元素位于周期表下方特殊区域的第二行，得名于该系列的第一种元素锕。它们都有很强的放射性，主要的核燃料都属于这一系列。

■ 过渡金属

过渡金属位于周期表中央，它们比碱金属坚硬，性质不像碱金属那么活泼，导电和导热性能通常都很好。

■ 后过渡金属

后过渡金属也叫贫金属，位于周期表中的一个三角形区域，是一组性质不活泼的金属，有着较弱的金属特性，大部分成员的熔点和沸点都比较低。

元素类别

- 碱金属
- 碱土金属
- 镧系元素
- 锕系元素
- 过渡金属
- 后过渡金属
- 类金属
- 其他非金属
- 卤素
- 稀有气体
- 化学性质未知

									2 He 氦
			5 B 硼	6 C 碳	7 N 氮	8 O 氧	9 F 氟	10 Ne 氖	
			13 Al 铝	14 Si 硅	15 P 磷	16 S 硫	17 Cl 氯	18 Ar 氩	
28 Ni 镍	29 Cu 铜	30 Zn 锌	31 Ga 镓	32 Ge 锗	33 As 砷	34 Se 硒	35 Br 溴	36 Kr 氪	
46 Pd 钯	47 Ag 银	48 Cd 镉	49 In 铟	50 Sn 锡	51 Sb 锑	52 Te 碲	53 I 碘	54 Xe 氙	
78 Pt 铂	79 Au 金	80 Hg 汞	81 Tl 铊	82 Pb 铅	83 Bi 铋	84 Po 钋	85 At 砹	86 Rn 氡	
110 Ds 𫟼	111 Rg 𬬭	112Cn 鎶	113 Nh 鉨	114 Fl 𫓧	115Mc 镆	116Lv 𫟷	117 Ts 鿬	118 Og 鿫	

63 Eu 铕	64 Gd 钆	65 Tb 铽	66 Dy 镝	67 Ho 钬	68 Er 铒	69 Tm 铥	70 Yb 镱	71 Lu 镥
95 Am 镅	96 Cm 锔	97 Bk 锫	98 Cf 锎	99 Es 锿	100Fm 镄	101Md 钔	102No 锘	103 Lr 铹

类金属

类金属在周期表中把金属元素和非金属元素分隔开来，它们的电学性质介于金属与非金属之间，因而应用于半导体电子领域。

其他非金属

这是无法归类为卤素或稀有气体的一些元素形成的松散组合，在周期表中呈现为一个单独的类别，不同成员的化学性质和物理性质大不相同。大多数非金属元素很容易获得电子，其熔点、沸点和密度通常比金属元素要低。

卤素

卤素也称为第17族元素，其成员在室温下的形态涵盖了3种基本物质形态——气态（氟和氯）、液态（溴）和固态（碘和砹），这一点在周期表中独一无二。卤素都是非金属。

稀有气体元素

稀有气体元素是周期表中的第18族，属于非金属元素。它们在室温下都是气体，无色，无味，性质不活泼。其中氖、氩和氪可用于照明和焊接。

化学性质未知

原子序数比铀大的元素一般是在实验室中制造出来的，通常数量极少。几种最新、原子序数最大的人造元素的化学性质至今还不为人知。

原子结构

原子听起来很现代，科学家还在努力探索它们的未解之谜，不过2500年前的古代哲学家就在思考原子的概念了。近两百来年，原子一直是人类化学知识的核心。

元素

古人认为世间万物都由几种元素（也就是基本材料）构成，最常见的组合包含土、水、气和火4种元素。

自然过程

古希腊思想家亚里士多德认为，宇宙之所以变化无常是因为各种元素试图彼此分离。

简单性质

古人认为，这4种元素给每种物质赋予了基础属性，使它们呈现冷、热、干、湿等状态。

运动悖论

埃里亚的芝诺描述了一个名叫"阿基里斯与乌龟"的悖论，对物质和运动的概念提出质疑。阿基里斯与乌龟赛跑，乌龟的出发点靠前。阿基里斯很快跑到了乌龟出发的位置，但这时乌龟已经往前爬走了。每次阿基里斯赶到乌龟所在的位置时，他那慢吞吞的对手总是已经又跑到前面去了。乌龟的领先优势越来越小，但它总是领先——永远是这样。因此，阿基里斯不可能追得上乌龟，这意味着所有的运动都是幻象。（译注：这一悖论目前看来并不成立。）

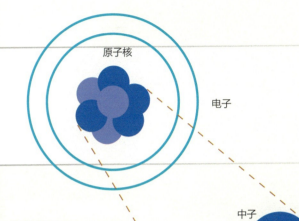

原子核

电子

原子内部

原子其实不是宇宙中最小的物体，它由亚原子粒子构成。原子的核心也就是原子核，它由质子和中子构成。中子不带电荷，质子带正电荷，带负电荷的电子围绕着原子核运动。质子的数量与电子的数量相同，因此电荷相互抵消。

中子

质子

终极单元

为了反驳芝诺的悖论，米利都的德谟克利特提出，世间万物都由微小单元构成，这些单元是"不可再分的"（希腊语是 *atomon*），因而称为"原子"（atom）。阿基里斯和乌龟确实在运动，每次移动一个原子那么远，当两者的距离小于一个原子时，阿基里斯就会追上乌龟。

上夸克

u u

d

下夸克

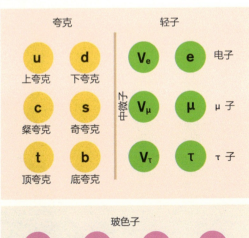

夸克 | 轻子

u 上夸克	d 下夸克	V_e	e	电子
c 粲夸克	s 奇夸克	V_μ	μ	μ 子
t 顶夸克	b 底夸克	V_τ	τ	τ 子

中微子

玻色子

| γ 光子 | g 胶子 | Z^0 z | $W^\pm$ w |

深入观察

原子中的3种亚原子粒子并不是事物的全部。物理学标准模型认为，宇宙由16种亚原子粒子组成。质子由3个夸克构成，包括两个上夸克和一个下夸克。中子由两个下夸克和一个上夸克构成。有质量的物体都是夸克和轻子（其中主要是电子）的集合。掌控物体行为的各种力由名叫玻色子的粒子传递。

原子有多大

1

原子是元素的最小单元，在人类的认知尺度上很难想象它有多小。更糟糕的是，构成原子的粒子是聚集在一起的，也就是说在本身就很微小的原子内部，大部分空间都是空的。

现实比例

最强力的显微镜——扫描隧道显微镜可以探测到单个原子占据的区域。不过这是用来分析物质结构的，显微镜下原子的影像只是一些团块，仍然很难弄清它们的真实大小。想象原子尺寸的唯一办法是拿它与现实世界的物体对比。在这里我们用1便士硬币和月亮来比较。

原子核直径	原子直径
豌豆	体育场
沙滩排球	马拉松距离
摩天轮"伦敦眼"	冥王星
地球	土星公转轨道

1便士

1便士这样的小小硬币的直径比原子的直径宽1.7亿倍。

原子

一个氢原子的直径大概是十亿分之一米。

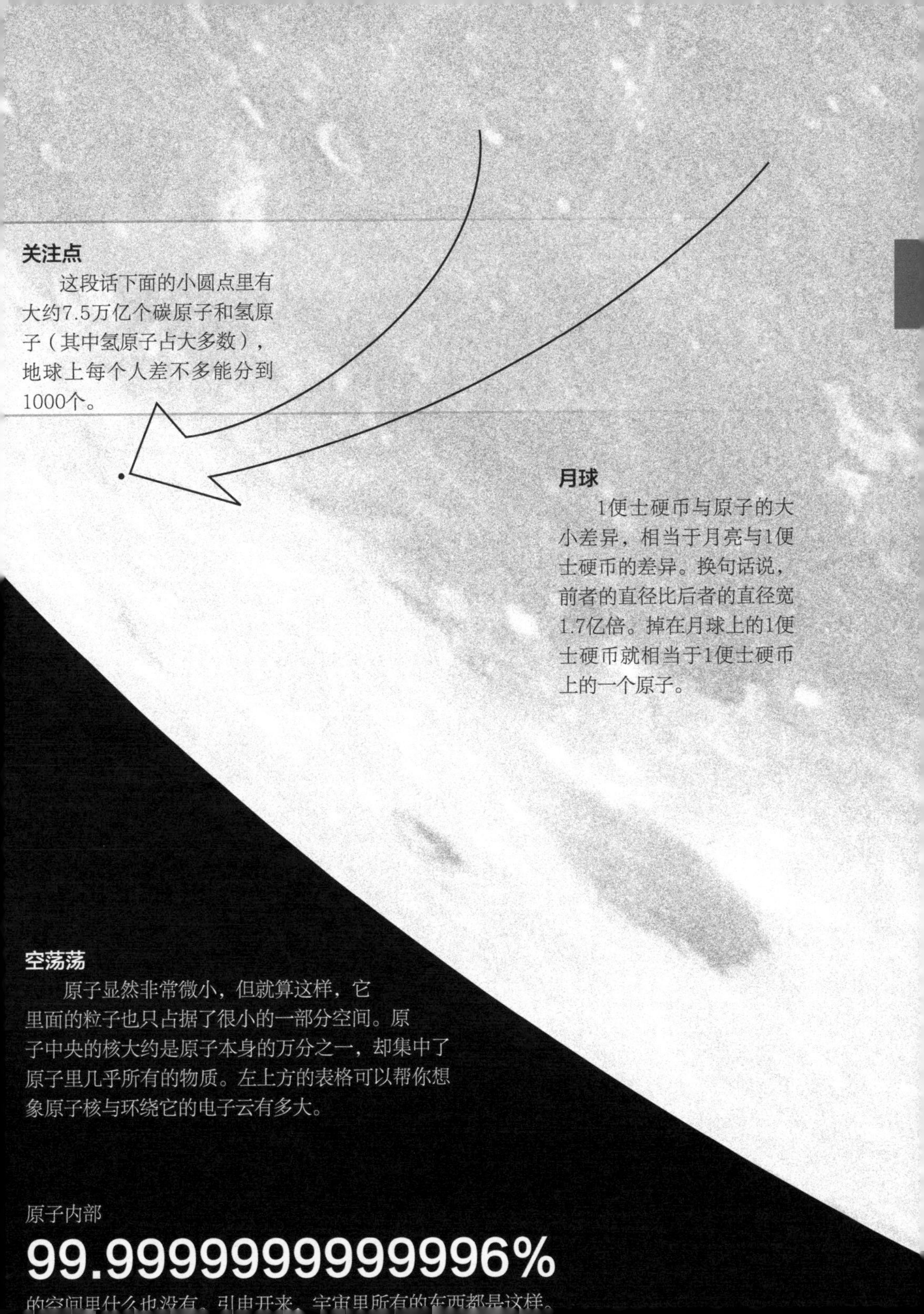

关注点

　　这段话下面的小圆点里有大约7.5万亿个碳原子和氢原子（其中氢原子占大多数），地球上每个人差不多能分到1000个。

月球

　　1便士硬币与原子的大小差异，相当于月亮与1便士硬币的差异。换句话说，前者的直径比后者的直径宽1.7亿倍。掉在月球上的1便士硬币就相当于1便士硬币上的一个原子。

空荡荡

　　原子显然非常微小，但就算这样，它里面的粒子也只占据了很小的一部分空间。原子中央的核大约是原子本身的万分之一，却集中了原子里几乎所有的物质。在左上方的表格可以帮你想象原子核与环绕它的电子云有多大。

原子内部

99.99999999996%

的空间里什么也没有。引申开来，宇宙里所有的东西都是这样。

元素周期表的编制原理

我们现在知道元素不只有4种，而是超过100种，不过只有约90%的元素能在自然界中产生。所有的元素都由原子组成，每种元素都有着特定数量的质子，这个数量就是原子序数。

原子序数 —— 1 H —— 元素符号
氢 —— 元素名称

电子数

原子不带电荷，它们总是呈电中性，这是因为原子里电子的数量总是与原子序数相同。

族

周期表里处于同一列的元素组成一个族。同族元素的外层电子数相同，第1族元素有1个外层电子，第2族有2个，依此类推。原子的外层电子数影响着它与其他元素结合的方式。

电子壳层

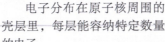

电子分布在原子核周围的壳层里，每层能容纳特定数量的电子。

外层电子

大多数原子的最外电子层都没有填满，元素的属性取决于外层电子数。

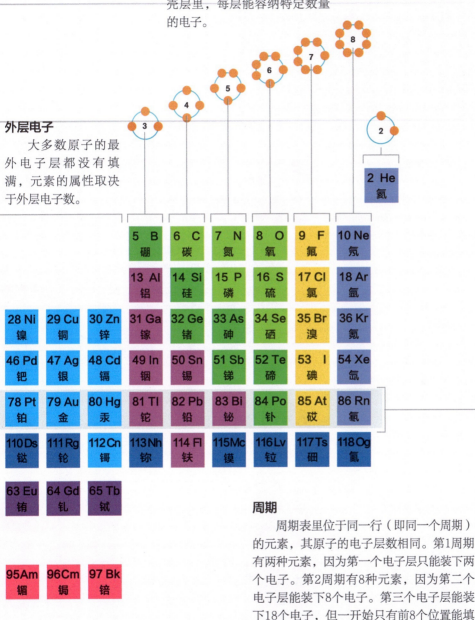

5 B 硼	6 C 碳	7 N 氮	8 O 氧	9 F 氟	10 Ne 氖
13 Al 铝	14 Si 硅	15 P 磷	16 S 硫	17 Cl 氯	18 Ar 氩
28 Ni 镍	29 Cu 铜	30 Zn 锌	31 Ga 镓	32 Ge 锗	33 As 砷	34 Se 硒	35 Br 溴	36 Kr 氪
46 Pd 钯	47 Ag 银	48 Cd 镉	49 In 铟	50 Sn 锡	51 Sb 锑	52 Te 碲	53 I 碘	54 Xe 氙
78 Pt 铂	79 Au 金	80 Hg 汞	81 Tl 铊	82 Pb 铅	83 Bi 铋	84 Po 钋	85 At 砹	86 Rn 氡
110 Ds 𫟼	111 Rg 𬬭	112 Cn 鎶	113 Nh 鿭	114 Fl 𫓧	115 Mc 镆	116 Lv 𫟷	117 Ts 𝪉	118 Og 鿫

| 63 Eu 铕 | 64 Gd 钆 | 65 Tb 铽 |

| 95 Am 镅 | 96 Cm 锔 | 97 Bk 锫 |

周期

周期表里位于同一行（即同一个周期）的元素，其原子的电子层数相同。第1周期有两种元素，因为第一个电子层只能装下两个电子。第2周期有8种元素，因为第二个电子层能装下8个电子。第三个电子层能装下18个电子，但一开始只有前8个位置能填满，其余位置要等第四层的头两个位置填满之后才会开始填充。这些元素占据了周期表的中央部分。

第1族

第1族元素也称为碱金属，包括钠、钾和其他性质活泼的金属。第1族的金属元素会与水发生剧烈反应，暴露在空气中时会自燃。为了防止发生爆炸，它们要浸在油里保存。

为什么没有氢

氢是一种气体，不是金属，按理说它属于第1族。但氢是由最轻、最简单的原子组成的气体，通常作为一种特殊的元素被单独对待，它有着独特的化学性质。

深入探究

• 这一族的金属元素都能与水发生反应，生成强碱性化合物，因此称为碱金属。碱与酸发生反应生成中性的化学物质，称之为盐。

• 纯净的第1族金属都是亮闪闪的，但与空气反应后很快就会失去光泽。它们都很软，能用刀切开。

• 第1族的前3种元素锂、钠和钾的密度都比水小，能浮在水面上。另外3种元素会沉下去。

3 Li 锂	锂 (Lithium) 得名于拉丁语 *lithos*，意思是"石头"。
11 Na 钠	钠 (Sodium) 得名于阿拉伯语 *suda*，意思是"头疼"，碳酸钠是一种传统的头痛药。元素符号 Na 源自 natron，即古埃及人制作木乃伊时用的一种钠盐。
19 K 钾	钾 (Potassium) 得名于草碱 (potash)，后者是把植物灰烬泡在水里制成的。元素符号 K 源自拉丁语 *kalium*（碱）。
37 Rb 铷	铷 (Rubidium) 得名于 *rubidus*，意思是"深红"，指它燃烧时产生的火焰是紫红色。
55 Cs 铯	铯 (Caesium) 得名于 *caesius*，意思是"天蓝"，指它的火焰颜色。
87 Fr 钫	钫 (Francium) 得名于其发现者玛格丽特·佩雷的祖国法国 (France)。

氧化态

所有碱金属都只有+1这一种氧化态,表示它们发生反应时会失去最外层唯一的电子,形成带一个正电荷的离子。

熔点

碱金属的熔点都比较低,铯和钫在天气温暖时会变成液体。

焰色

每种碱金属燃烧时都会产生颜色独特的火焰,它们的气体通电后会发出同样颜色的光。气态钠的黄色光用于照明。

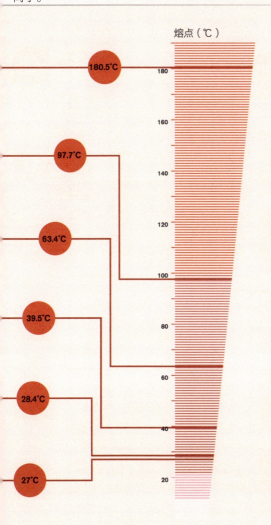

熔点(℃)

180.5℃ — 180
160
97.7℃
140
63.4℃
120
100
39.5℃
80
28.4℃
60
40
27℃
20

Li Na K Rb Cs

◆ =液体 ❄ =固体 ☁ =气体 ⬡ =非金属 ⬡ =金属 ◖ =类金属 ? =未知

第2族

这一族的金属称为碱土金属，因为它们的"土"（粉末状氧化物）都是碱性的。所有这些元素都有两个外层电子。大多数第2族金属都能与冷水发生反应，生成氢氧化物和氢气，只有铍遇水不发生变化。

有用的金属

第2族金属的原子结构相同，但这不妨碍它们的用途多种多样。

• 纯铍不能阻挡X射线，尽管普通光线显然无法透过它。X射线设备通过铍制成的窗口发射扫描射线束。

• 氢氧化镁与水的混合物称为镁乳，是一种治疗消化不良和便秘的传统药物。

• 钙与磷酸盐结合，形成骨骼和牙齿里的坚固材料。

• 锶：这种金属使焰火发出红色光芒。

• 钡：与硫酸盐结合后，吞下去可以让柔软的肠道在医疗X射线下显现出来。

• 镭：用作放射源。人们从前以为它有益健康，但现在实行严格管控。

4 Be 铍	铍（Beryllium）得名于绿柱石（beryl），这是一类颜色浅淡的宝石，包括祖母绿、海蓝宝石和金绿柱石等。
12 Mg 镁	镁（Magnesium）得名于希腊北部一个矿产丰富的地区麦格尼西亚（Magnesia），"磁"（magnet）这个词也根据这一地区命名，虽然镁并不是磁性金属。
20 Ca 钙	钙（Calcium）得名于 *calx*，即拉丁语中的"石灰"。石灰是一种腐蚀性矿物，通过加热白垩或石灰石制成，用于生产水泥等许多产品。
38 Sr 锶	锶（Strontium）得名于苏格兰村庄斯特朗申（Strontian），这是一个铅矿产区，含锶矿物是在这里首次发现的。
56 Ba 钡	钡（Barium）得名于矿物重晶石（baryte），后者来源于希腊语中的"重"。
88 Ra 镭	镭（Radium）得名于 *radius*，即拉丁语中的"射线"，指这种金属的放射性。

氧化态

　　碱土金属发生反应时会失去外层的两个电子，形成带两个正电荷的离子。大多数碱土金属通过这种方式形成化合物，不过钡也能形成共价键，即与另一个原子共享电子。

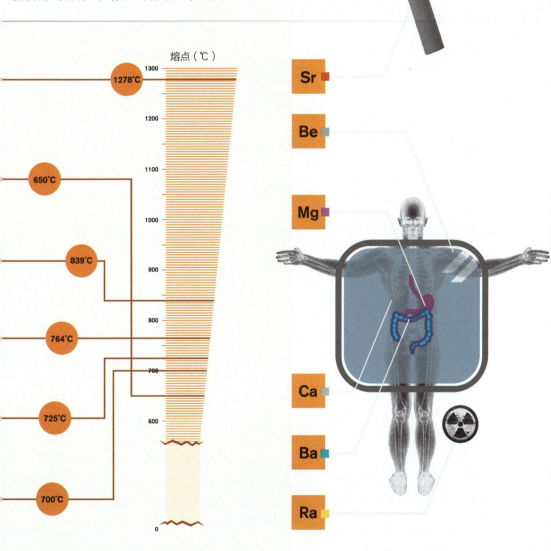

熔点（℃）

1278℃

650℃

839℃

764℃

725℃

700℃

1300

1200

1100

1000

900

800

700

600

0

Sr

Be

Mg

Ca

Ba

Ra

= 液体　　= 固体　　= 气体　　= 非金属　　= 金属　　= 类金属　? = 未知

第3族

这一族的第一种元素是硼，因此该族也叫硼族。第3族元素最多能与3个原子结合，不过只有比较轻的元素能做到这一点，重元素通常一次只与一个原子结合。硼是最坚硬的元素之一，但本族的金属元素都很软。

有益健康，有害健康

第3族的元素会影响人体健康，这些影响并非总是好的。

- 硼：人体需要的硼很少，但它是一种关键的营养物质，可帮助维持骨骼强健。

- 铝：无毒，对人体无影响。以前有人说铝与痴呆症和癌症有关，现在认为这种观点是错的。

- 镓：它是抵抗最恶性、抗药性最强的疟疾的最后一道防线。

- 铟：大量的铟会造成肾损伤。冶金工人是接触该元素最多的人。

- 铊：微量的铊会导致呕吐和腹泻，15毫克就能致死。据称，美国中央情报局曾于1959年计划给卡斯特罗下毒，方法是把铊盐放在他的鞋子里。当时人们用铊盐当脱毛剂，这个未曾实施的计划是想让卡斯特罗失去他那标志性的大胡子吧。

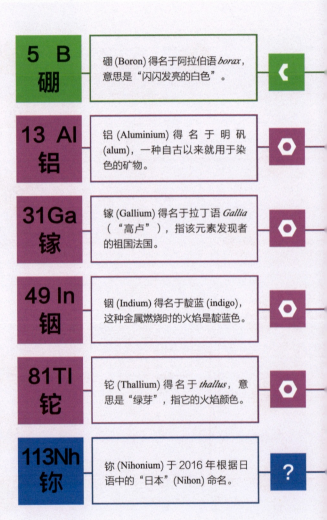

5 B 硼	硼 (Boron) 得名于阿拉伯语 *borax*，意思是"闪闪发亮的白色"。
13 Al 铝	铝 (Aluminium) 得名于明矾 (alum)，一种自古以来就用于染色的矿物。
31 Ga 镓	镓 (Gallium) 得名于拉丁语 *Gallia*（"高卢"），指该元素发现者的祖国法国。
49 In 铟	铟 (Indium) 得名于靛蓝 (indigo)，这种金属燃烧时的火焰是靛蓝色。
81 Tl 铊	铊 (Thallium) 得名于 *thallus*，意思是"绿芽"，指它的火焰颜色。
113 Nh 𬭩	𬭩 (Nihonium) 于 2016 年根据日语中的"日本"(Nihon) 命名。

氧化态

本族所有元素都能失去外层电子形成+3价离子，不过较重的元素通常只会形成更稳定的＋1价离子。

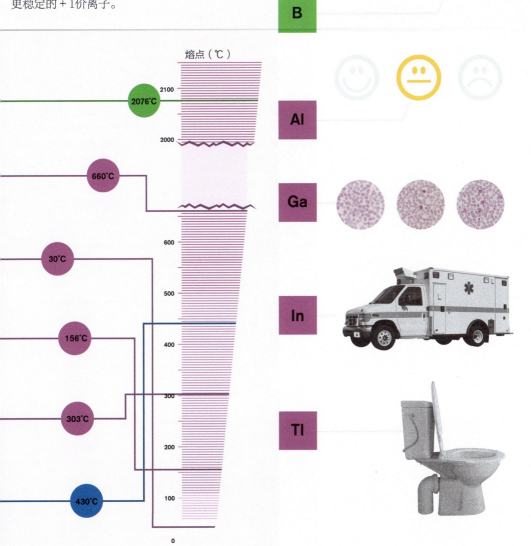

熔点（℃）

2100

2076℃

2000

660℃

600

500

30℃

156℃

400

300

303℃

200

430℃

100

0

B

Al

Ga

In

Tl

🌢 =液体 📦 =固体 ☁ =气体 ⬡ =非金属 ⬡ =金属 ❰ =类金属 ? =未知

第4族

本族元素也称为结晶元素，因为它们形成的晶体类型比周期表里其他所有族都更加丰富多样。这些元素的原子有4个外层电子，意味着外壳层是半满的，它们能失去或得到电子，每次最多能与4种其他元素形成化学键。

第4族内幕

本族是唯一一个全部元素在标准条件下都是固体的族，包含非金属、类金属和金属。

• 所有第4族元素都有着导电的单质形态。例如，石墨形式的碳的导电性良好（而钻石形式的碳不导电）。硅和锗是半导体，既可成为绝缘体，也可成为导体。

• 第4族元素的原子最多能形成4个化学键，有时会相互连接形成双键甚至三键。

• 碳和硅能形成链状、枝状和环状分子。在已知的1000万种化合物中，90%含有碳。

• 锡和铅能形成 + 2价离子，因而具有金属性质。

• 在构成地壳岩石的矿物中，硅酸盐离子(SiO_4^{4-})占90%。

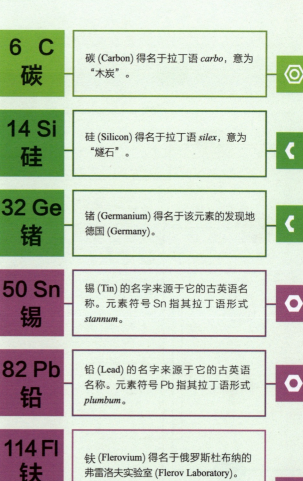

6 C 碳	碳 (Carbon) 得名于拉丁语 *carbo*，意为"木炭"。
14 Si 硅	硅 (Silicon) 得名于拉丁语 *silex*，意为"燧石"。
32 Ge 锗	锗 (Germanium) 得名于该元素的发现地德国 (Germany)。
50 Sn 锡	锡 (Tin) 的名字来源于它的古英语名称。元素符号 Sn 指其拉丁语形式 *stannum*。
82 Pb 铅	铅 (Lead) 的名字来源于它的古英语名称。元素符号 Pb 指其拉丁语形式 *plumbum*。
114 Fl 𫓧	𫓧 (Flerovium) 得名于俄罗斯杜布纳的弗雷洛夫实验室 (Flerov Laboratory)。

氧化态

　　大多数结晶元素会失去4个外层电子形成+4价离子，只有碳能得到电子形成−4价离子，生成的化合物称为碳化物。

熔点

　　碳是所有元素中熔点最高的，不过实际上它会直接升华成气体。

价值差异

　　第4族元素单质的价格反映了它们在地壳中的含量以及提炼成本。

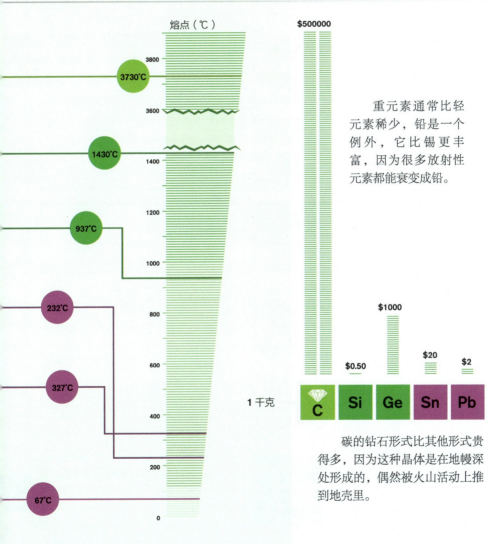

熔点（℃）

3800

3730℃

3600

1430℃

1400

1200

937℃

1000

800

232℃

600

327℃

400

200

67℃

0

1 千克

$500000

　　重元素通常比轻元素稀少，铅是一个例外，它比锡更丰富，因为很多放射性元素都能衰变成铅。

$1000

$0.50　$20　$2

C　Si　Ge　Sn　Pb

　　碳的钻石形式比其他形式贵得多，因为这种晶体是在地幔深处形成的，偶然被火山活动上推到地壳里。

💧 = 液体　📦 = 固体　☁ = 气体　⬡ = 非金属　⬡ = 金属　❮ = 类金属　❓ = 未知

第5族

第5族是另一个元素种类丰富的族，包含非金属、类金属和金属。本族元素也称为氮族元素(pnictogens)，这个词的意思是"窒息"，指本族的第一种元素氮，它是空气中无法支持生命的成分。

第5族内幕

本族所有元素都会置人于死地。氮本身没有毒性，我们时刻都在吸进氮气，但纯氮组成的大气会让人窒息。其他元素会致病或致死。人类使用这些元素的化合物已经有几千年历史。

• 阿蒙神之盐是一种富含氮的矿物，在古埃及用作药物和染料。硝酸钾（硝石）是火药的成分之一。

• 骨灰里的磷酸钙用于增加陶器的硬度，制作骨瓷。人类首次提取出纯磷时，以为它是炼金师的点金石。

• 砷来自雌黄矿，这种矿物在文艺复兴时期用作金色染料，也用于制作毒箭。

• 古埃及和波斯用粉状的辉锑矿（硫化锑）当眼影，画黑色眼妆。

• 印加人用铋制作刀具。

| 7 N 氮 | 氮 (Nitrogen) 的名字意思是"硝化物"，指火药的关键成分硝酸钾。 | |

| 15 P 磷 | 磷 (Phosphorus) 的名字源自希腊语对启明星的称谓，意思是"造光者"，纯磷在特定条件下会发光。 |

| 33 As 砷 | 砷 (Arsenic) 的名字源自阿拉伯语 *al zarniqa*，意思是"金色的"，指砷矿物雌黄的明黄色。 | |

| 51 Sb 锑 | 锑 (Antimony) 的名字意思是"杀僧者"，许多早期科学家死于锑中毒，他们通常是僧侣。元素符号 Sb 源自拉丁语形式的 *stibium*。 | |

| 83 Bi 铋 | 铋 (Bismuth) 的名字源自古德语 *Wismuth*，意思是"白色物质"，指矿物铋华的浅白色。 | |

| 115 Mc 镆 | 镆 (Moscovium) 得名于俄罗斯首都莫斯科，离首次合成该元素的联合原子核研究所最近的城市。 | |

氧化态

　　从氮到砷的本族上层元素主要形成−3价离子，从锑到铋的下层元素还会形成+3价和+5价离子。

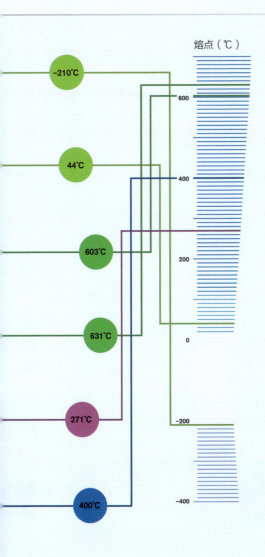

熔点（℃）

−210℃

44℃

603℃

631℃

271℃

400℃

600

400

200

0

−200

−400

N

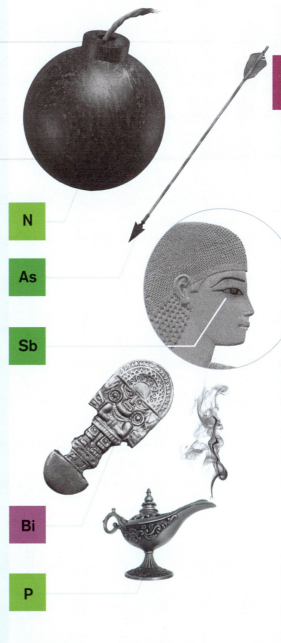

N

As

Sb

Bi

P

神奇物质

　　人们在17世纪60年代首次提取出纯磷时，以为它就是魔法点金石，能变出纯金。

💧 = 液体　📦 = 固体　☁ = 气体　◎ = 非金属　⬡ = 金属　❮ = 类金属　？ = 未知

第6族

第6族元素也称为氧族元素(chalcogens)，这个词的意思是"矿物制造者"。本族的主要成员是氧和硫，它们是元素周期表中两种最常见、性质最活泼的非金属。铁和其他有用金属的多数矿物都含有氧和硫。本族其他元素要稀有得多，用途更为专门化。

第6族内幕

第6族元素形成的简单离子化合物的英文名称都带后缀-ide，比如氧化物(oxide)、硫化物(sulphide)等。本族下层元素能与氧结合形成多原子离子，带3个氧原子的离子名称带-ite后缀，带4个氧原子的离子名称带-ate后缀，比如硫酸盐(sulphate)。第6族所有元素的单质都有几种形式，称为同素异形体。

- 氧有4种形式：双氧(O_2)是空气的成分之一，液态下呈淡蓝色；臭氧(O_3)的蓝色更深；四聚氧(O_4)在氧液化时才会形成；O_8分子在氧冻结时形成，呈红色。

- 硫有3种形式：斜方硫是黄色的，单斜晶硫是橙色的，弹性硫是黑色的。

- 硒有3种形式：黑硒、灰硒和红硒。

- 碲有两种形式：结晶碲有着银色的金属光泽，无定形碲是棕色粉末。

- 钋有两种形式：正方晶体和菱方晶体。

8 O 氧	氧 (Oxygen) 的名字意思是"酸化者"，来源于拉瓦锡的一个错误观念，他以为酸必然含有氧。实际上氢才是酸的关键元素。
16 S 硫	硫 (Sulphur) 得名于拉丁语 *sulpur*。在火山附近可以找到纯态硫，它是最早被甄别出来的元素之一。
34 Se 硒	硒 (Selenium) 的名字意思是"月亮金属"，作为碲的伴侣而得名。
52 Te 碲	碲 (Tellurium) 的名字意思是"地球金属"。
84 Po 钋	钋 (Polonium) 于 1898 年根据波兰 (Poland) 命名。当时波兰是一个分裂的国家，主要由俄国和奥地利统治。
116 Lv 鉝	鉝 (Livermorium) 得名于美国加利福尼亚州的劳伦斯·利弗莫尔国家实验室 (Lawrence Livermore National Laboratory)，这是世界上少数几个从事新元素合成的机构之一。

氧化态

本族所有元素都能得到两个电子形成-2价离子。钋还能失去电子形成+2价和+4价离子，因此具有强烈的金属性质。这些元素能与氧结合形成多原子离子，其中非氧原子的氧化态是+6价。

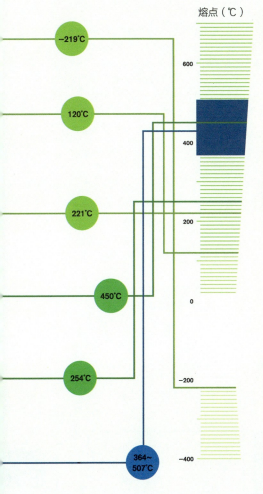

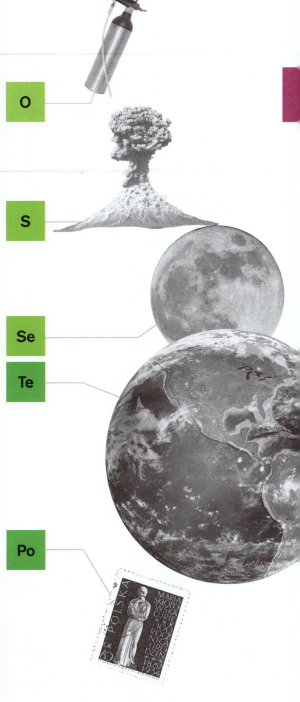

熔点（℃）

−219℃

120℃

600

221℃

400

450℃

200

0

254℃

−200

364~
507℃

−400

O

S

Se

Te

Po

🌢 =液体　🎁 =固体　☁ =气体　⬡ =非金属　⬡ =金属　〈 =类金属　? =未知

第7族

本族元素也叫卤素，这是一组非金属，包含性质最活泼的几种元素，其中最突出的是氟。卤素(halogens)的意思是"成盐者"，它们能形成称为盐的稳定固体化合物。盐的英文名称都以-ide结尾，其中最为人熟知的是氯化钠(sodium chloride)，俗称食盐。

7
−1

卤素的用途

所有卤素在大剂量下都有毒，但也有许多卤素对人体有用，用于保健、清洁，提高生活质量。

● 氟：纯氟的性质非常活泼，会造成伤害，不过氟盐经常添加在牙膏里，用于强固牙齿的珐琅质。

● 氯：漂白剂和其他清洁产品都以氯的化学反应为基础。氯还会分解有颜色的化合物，使它们不再吸收光，从而总是呈白色。

● 溴：溴的化合物用作防火材料，火焰的热量会使纯溴原子释放出来，干扰燃烧过程。

● 碘：碘是一种温和但有效的抗菌剂，用于给伤口消毒。碘化银是胶卷的活性成分。

● 砹：这种放射性卤素在实验室中才能合成，因此迄今尚未得到任何应用。

| 9 F 氟 | 氟 (Fluorine) 得名于矿物萤石 (fluorite)，后者可用于制造润滑油，以及在金属冶炼过程中去除杂质。 | |

| 17 Cl 氯 | 氯 (Chlorine) 得名于古希腊语 khlôros，意为"绿色"。纯氯是一种浅绿色的气体。 | |

| 35 Br 溴 | 溴 (Bromine) 得名于希腊语中的"恶臭"，指溴蒸气强烈的刺鼻气味。 | |

| 53 I 碘 | 碘 (Iodine) 得名于希腊语中的"紫罗兰"，指从固体碘中升华出来的气体的颜色。 | |

| 85 At 砹 | 砹 (Astatine) 得名于希腊语 astatos，意思是"不稳定"。砹的放射性很强，同一时刻地球上只存在几克砹。 | |

| 117 Ts 鿬 | 鿬 (Tennessine) 得名于橡树岭国家实验室所在的美国田纳西州 (Tennessee)，该实验室参与合成了这种元素。 | ? |

氧化态

所有卤素都只有一种氧化态，即-1价。这表示它们在化学反应中会得到一个外层电子，形成带一个负电荷的离子。

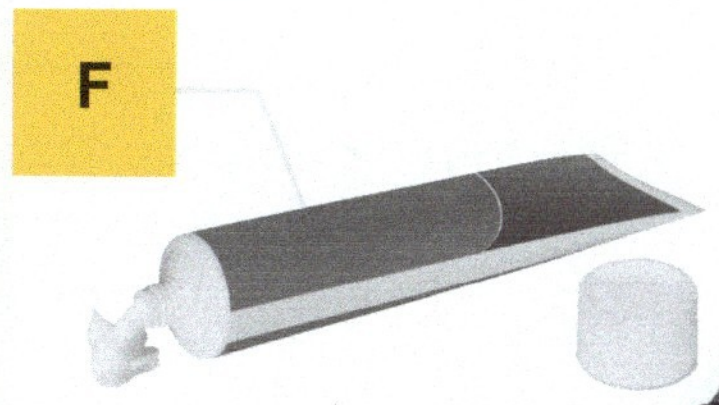

F

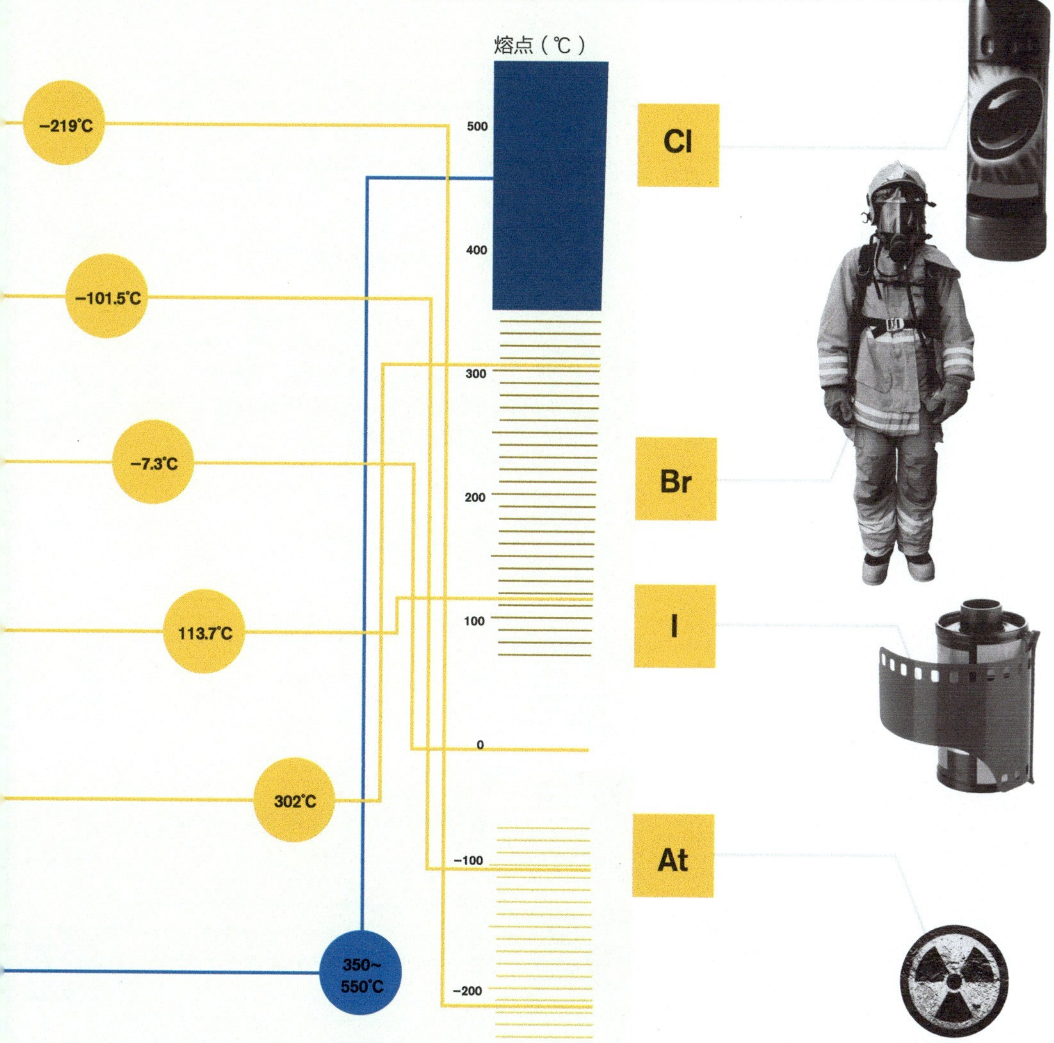

熔点（℃）

−219℃

500

Cl

400

−101.5℃

300

−7.3℃

200

Br

113.7℃

100

I

302℃

0

−100

At

350~
550℃

−200

💧 =液体　🔶 =固体　☁ =气体　⬡ =非金属　⬢ =金属　❮ =类金属　❓ =未知

第8族

有些化学家更愿意把这一族称为第0族，因为该族元素的原子有8个外层电子，外壳层处于充满状态，能参与化学反应的电子数目是0。第8族元素是惰性元素，不发生反应，因此也叫贵族气体（或稀有气体）——不与普通元素为伍。

稀有气体

第8族元素都是气体，至少我们现在知道的是这样。最近有人合成了几个原子，命名为氭，但讨论其物理性质还为时过早。

- 氢、氮、氟等其他气体元素都由双原子分子组成，如H_2、N_2和F_2，分子里的两个原子键合在一起。稀有气体就是单个原子组成的云雾，它们的原子不能彼此键合。

- 在元素周期表中，稀有气体的密度从上往下递增。氦是第二轻的元素，仅次于氢。氖比空气轻，氩和氪比空气略重，氙和氡比空气致密得多，用它们可以做出俗话说的"铅气球"（译注：指完全不受欢迎的东西）。

- 在实验室里强迫氪、氙和氡从原子内层释放一个电子，可以让它们形成 +1 价离子，与氟键合起来。

2 He 氦	氦 (Helium) 的名字意思是"太阳金属"，源自古希腊神话中的太阳神赫利俄斯 (Helios)。人们最初在太阳上发现氦时，以为它是一种金属元素，而不是气体。
10 Ne 氖	氖 (Neon) 的名字意思是"新的"。
18 Ar 氩	氩 (Argon) 的名字意思是"懒惰者"。氩占空气的 1%，看起来毫无作用，因此被起了这么个名字。
36 Kr 氪	氪 (Krypton) 的名字意思是"隐藏者"。
54 Xe 氙	氙 (Xenon) 的名字意思是"奇异者"。
86 Rn 氡	氡 (Radon) 的名字意思是"有放射性者"。
118 Og 氭	氭 (Organesson) 是迄今所知最重的元素，得名于俄罗斯核物理学家尤里·奥加涅相 (Yuri Oganessian)。

氧化态

稀有气体原子外层充满电子，所以既不会失去电子，也不会得到电子，它们的氧化态总是0价。

发光气体

稀有气体通电后会发出颜色独特的光，这就是霓虹灯照明的原理。氙是第一种用于照明的稀有气体。

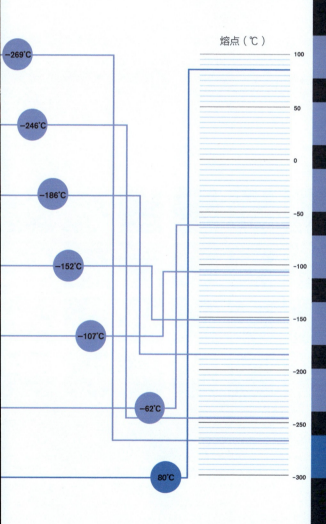

熔点（℃）

💧 = 液体　📦 = 固体　☁ = 气体　⬡ = 非金属　⬡ = 金属　⟨ = 类金属　? = 未知

过渡元素

从元素周期表的第4个周期开始，族的概念就不好用了。过了第2族之后，原子序数继续上升，但外层电子数保持不变，形成一个由金属元素组成的区域，它们称为过渡元素，其中很多是我们熟知的。

填充电子

过渡元素的原子与其他元素遵从同样的规则：电子数与质子数相等。不过，过渡元素增加的电子不是加在原子外层，而是填充电子壳层内层的空位。

全金属

38种过渡元素都是金属，这是由它们的外层电子数决定的。大多数过渡元素有两个外层电子，但有12种过渡元素（包括铜、银和金）只有一个外层电子。

21 Sc 钪	22 Ti 钛	23 V 钒	24 Cr 铬	25 Mn 锰	26 Fe 铁	27 Co 钴
39 Y 钇	40 Zr 锆	41 Nb 铌	42 Mo 钼	43 Tc 锝	44 Ru 钌	45 Rh 铑
72 Hf 铪	73 Ta 钽	74 W 钨	75 Re 铼	76 Os 锇	77 Ir 铱
104 Rf 𬬻	105 Db 𬭊	106 Sg 𬭳	107 Bh 𬭛	108 Hs 𫟼	109 Mt 鿏

情景重现

电子壳层第五层的情形与第四层相似。到了第六个周期，第五层就开始填充，它有24个空位。这些元素组成内过渡元素，通常叫作镧系元素和锕系元素。

内壳层

　　第一个电子壳层能容纳两个电子，所以第一个周期有两种元素。第二层能容纳8个电子，所以第二个周期有8种元素。第三层能容纳18个电子，它先填充8个位置，接下来的两个电子填充到第四层。在这之后，第三层剩下的10个空位才会开始填充，形成过渡元素。

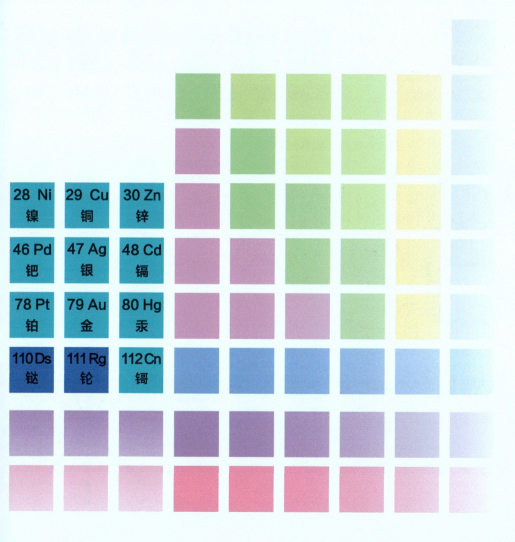

内过渡金属

元素周期表最下方的两行代表内过渡金属，它们通常称为镧系元素和锕系元素。

| 57~71 镧系 |
| 89~103 锕系 |

这些元素中随质量递增而增加的电子既不填充在外壳层，也不填充在第二层，而是填充在第三层的某个区域，称为f轨道。

镧系元素

该系得名于其中的第一种元素镧，包含15种元素，通常也称为稀土元素。

| 57 La 镧 | 58Ce 铈 | 59 Pr 镨 | 60Nd 钕 | 61Pm 钷 | 62 Sm 钐 |
| 89 Ac 锕 | 90 Th 钍 | 91 Pa 镤 | 92 U 铀 | 93 Np 镎 | 94 Pu 钚 |

锕系元素

该系得名于其中的第一种元素锕，也包含15种元素，其中只有两种在地球上数量较多，即铀和钍。

稀土

镧系元素通常与一些稀有矿石（如磷铈镧矿、硅铍钇矿）伴生，因此称为稀土元素。

钇和钪

过渡金属钇和钪的内层电子配置方式与镧系元素不同，但它们与镧系元素伴生在同样的矿石中，因此也算稀土元素。

高科技金属

稀土元素听起来很稀有，其实它们在地球上的含量相对丰富，只是很难提纯。稀土元素在高科技产业中有着重要用途，包括光学、电子和激光等领域。

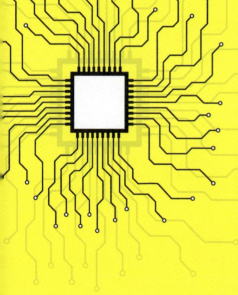

宽表格

准确地说，镧系元素和锕系元素应该放在第2族元素与过渡金属之间。不过为了让周期表显得紧凑，这30种元素通常放在表格下方。

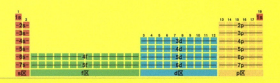

63 Eu	64 Gd	65 Tb	66 Dy	67 Ho	68 Er	69 Tm	70 Yb	71 Lu
铕	钆	铽	镝	钬	铒	铥	镱	镥

95 Am	96 Cm	97 Bk	98 Cf	99 Es	100 Fm	101 Md	102 No	103 Lr
镅	锔	锫	锎	锿	镄	钔	锘	铹

原初元素

锕系元素全都具有放射性，因此大多数在自然界里不存在，地球的岩石形成时就存在的这类原初元素早就衰变完了。只有铀和钍的半衰期足够长，到现在还能剩下不少。人们还分离出了微量的原初钚元素。其他元素衰变时会产生锕、镤和锝，因此它们在矿石中微量存在。

核燃料

钍、铀和钚的某些同位素能发生核裂变，在受控条件下，裂变反应释放的能量可以驱动发电机运转。其他锕系元素的放射性同位素能驱动热电发电机，把放射性产生的热量直接转化为电能。

元素合成

铀和它后面的大多数锕系元素要得到可堪利用的数量，都要靠核反应堆、原子弹爆炸和粒子加速器合成。其中大多数元素用于制造更重的元素，不过也有几种元素（诸如镅）有着比较日常的用途。

原子的形状

我们通常把原子想象成小球——不一定是固体球，而是球状的物质团块。不过量子力学告诉我们，原子全都有独特的形状，取决于它们的电子在哪里。

云概念

电子绕着原子核不停地运动，我们不可能同时确定电子的位置和运动方向，物理学家在两者的概率之间寻找平衡。这样做的结果就是，电子位于原子核周围的某些区域里，以不同的概率出现在不同的地方，这些区域构成带电荷的云，称为轨道。电子就在轨道里的某个地方。

f 轨道

电子壳层超过5层的元素使用f轨道。元素周期表里的f区是镧系元素和锕系元素所在区域的别称。

p轨道

接下来6个电子填充形似叶片的p轨道。第3族到第8族元素组成周期表里的p区，因为其外层电子位于p轨道上。

d轨道

电子壳层超过3层的元素使用d轨道，这些轨道不会形成原子的外层电子，而存在于内层。周期表里的过渡元素区也称为d区，因为过渡元素的原子都是这样的。

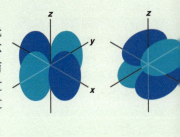

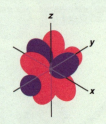

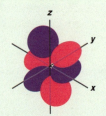

s 轨道

电子壳层每一层的头两个电子填充圆形的s轨道，周期表里的第1族和第2族元素组成s区，因为其外层电子位于s轨道上。

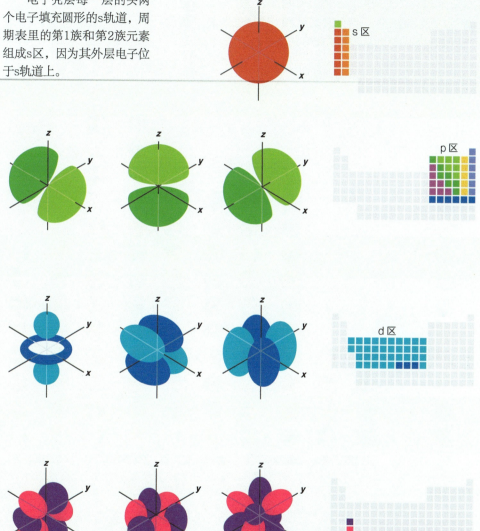

发现历程

目前元素周期表里有118种元素，人们已经用不同方法证明每一种元素都是一种简单物质，不能分割成更简单的成分。最新的一种元素鿬是2015年才发现的，但列出元素清单的努力从人类文明之初就开始了。

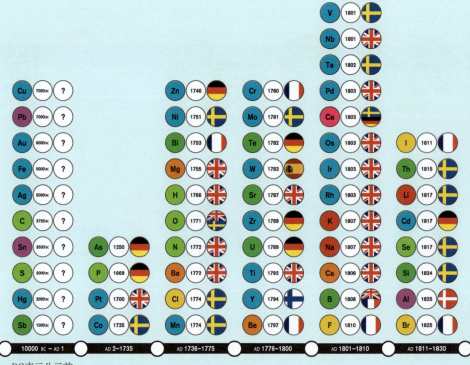

BC表示公元前，
AD表示公元后。

古代的物质

人们在还相信世界仅由少数几种元素组成（4种到6种不等，不同文化的看法不同）时，就对多种元素物质相当了解，并广泛应用它们。

科学革命

18世纪科学研究的繁荣使化学知识快速地丰富起来，其中包括一些新型金属和几种气体的发现。

电解

19世纪初，人们运用新出现的电解技术，用电流使化合物裂解成未知的元素，导致所发现元素的数量呈现爆炸式增长。

优先权

　　许多元素的发现都存在竞争，不同国家的化学家各自声称率先发现了某种元素。

　　下面这张表是根据化学家首次证明某种物质是元素的时间绘制的，该物质本身被发现的时间可能更早，但当时人们还没有认识到或没能证明它是元素。

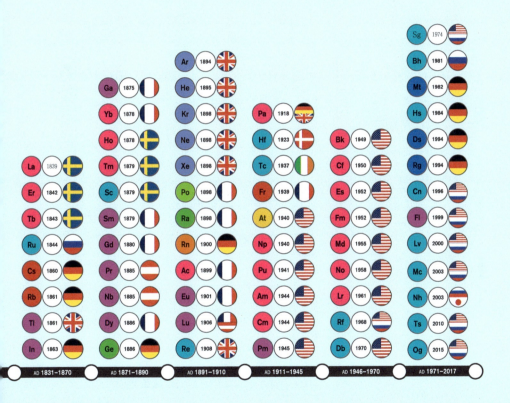

矿物财富

　　至此，所有常见元素都已被发现，但其他原初（自然产生的）元素要通过对珍稀罕见的矿物进行艰苦分析才能发现。

放射性

　　在19世纪和20世纪之交，人们发现了放射性现象，即一种元素的原子会衰变成其他元素的原子，这使一些新的稀有元素被发现。

合成

　　以原子的威力为武器和用原子发电的技术使化学家得以制造出合成元素，这种努力到今天还在继续。

元素周期表发展史

1

元素周期表是俄国化学家德米特里·门捷列夫的创意。我们现在使用的周期表布局从他于1869年建立的体系演变而来，不过在此之前已经有很多人试着将元素归类。

面对事实

门捷列夫和此前的化学家们对原子结构一无所知，更不懂原子结构怎样影响元素的性质。

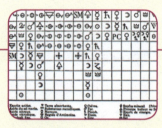

2. 亲和力

1718年，埃蒂安·弗朗索瓦·若弗鲁瓦根据物质相互结合或发生反应的情况整理出上表，表中用炼金术符号代表各种物质。

4. 原子

化学家约翰·道尔顿首次指出元素就是原子。他在1808年绘制了上面这张表，按元素的相对重量对它们进行排序。

1. 炼金术

炼金师是现代化学家的前身，看起来好像巫师。他们根据魔法属性对物质进行分类，给每种物质规定符号、性别以及它们与各大行星的关系。上面这张表是巴塞尔·瓦伦廷在15世纪整理的。

3. 简单物质

安托万·拉瓦锡于1780年制作了一份《简单物质列表》。这是人类第一次尝试制作元素表，尽管其中还包含了光、热和几种化合物。

他们不知道亚原子粒子的存在，也没有原子序数的概念，而我们现在主要根据原子序数来对元素进行分类。

他们注重研究元素的相对重量和化学性质，特别是化合价。化合价是某种元素与其他元素结合的能力，也就是它在化合物里能与多少种元素结合。

门捷列夫成功地把原子重量与化合价的特征结合起来，在不懂原子结构的情况下按照原子结构对元素进行排序。

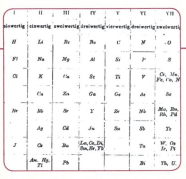

5. 三元素组

1817年，约翰·德贝莱纳提出了三元素组定律，认为部分元素可以分成几组，每组由3种性质相近的元素组成。这一概念于1829年公开发表。

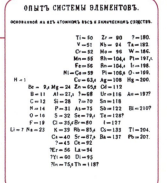

周期性

最终，门捷列夫在1869年把元素化合价的重复性（或说周期性）特征转化成了我们现在看到的周期表。不过这张最早的周期表用纵向的列来代表周期，而不是像现在一样用横向的行。

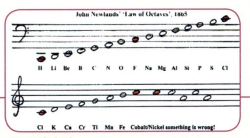

6. 八度音阶

约翰·纽兰兹在1864年发现，尽管每种元素的相对重量独一无二，没有哪两种元素的重量相同，但各种元素的化学性质符合某种规律，每隔8种元素就会出现重复。他把这样分类的元素群组称为八度音阶组，甚至尝试用乐谱的形式将其呈现出来。

其他形式的元素周期表

门捷列夫在玩单人纸牌游戏时确定了他的周期表形式——纸牌游戏里的牌排成若干行和列，元素在周期表里也排成行和列。不过，周期表还可以有其他的排列方式。

布局技巧

门捷列夫的周期表实际上应该比我们平时看到的版本宽得多。f区（镧系元素和锕系元素）应该位于s区（第1族和第2族）与d区（过渡元素）之间。人们几乎总是把这个很宽的区域挪到下方，好让表格所占的空间小一些，也更加明了。不过，圆形周期表能用另一种方法来解决这个问题。

多重螺旋

1964年，特奥尔多·本菲设计了一张多中心螺旋形式的周期表。这里的"周期间隔"表示新周期（即门捷列夫版本里的行）开始的地点。s区和p区位于氢周期的螺旋里。

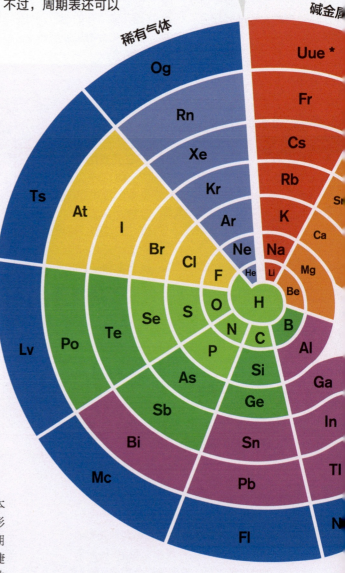

周期间隔

稀有气体

碱金属

*Uue是个临时代码，代表接下来要发现的第119号元素Ununennium，这种元素到现在还没有被发现。

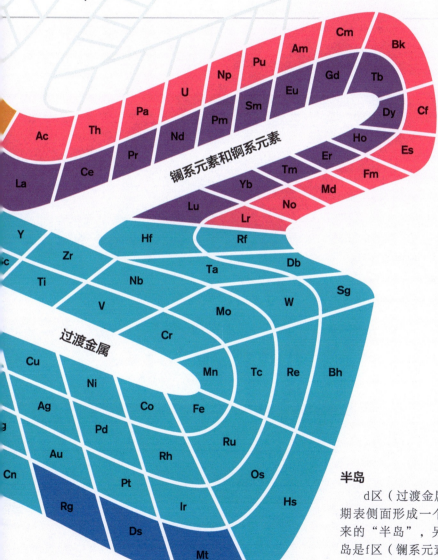

永不过时

本菲的周期表也为新的
g区留出了空间，也就是超
锕元素。它们是一批超重
元素，尚未在实验室里制造
出来。

超锕元素

镧系元素和锕系元素

过渡金属

半岛

d区（过渡金属）在周
期表侧面形成一个延伸出
来的"半岛"，另一个半
岛是f区（镧系元素和锕系
元素）。

第2章 物质的基本性质

给原子计数

2

原子太小了，就算用最先进的显微镜也看不见，很难一个一个地数。化学家把许多原子放在一起作为单位，称为摩尔，1摩尔原子有602214179000000000000个。

1摩尔秒比宇宙的年龄还要长100万倍。

H
1克

C
12克

O
16克

Au
197克

U
238克

摩尔与原子

每种元素的原子都有着独一无二的质量，据此可以算出一块物质中原子的个数。原子质量取决于它里面质子和中子的数量（电子太小了，不用考虑）。

氢原子有1个质子，碳原子有6个质子和6个中子。所以，氢的相对原子质量(RAM)是1，碳的相对原子质量是12。换句话说，一个碳原子总是比一个氢原子重11倍。化学家们决定，1摩尔某种原子的总质量就是其相对原子质量的克数。

602,214,179,00

1摩尔的米粒能把月球表面铺满,厚度达到1000米(自农业出现以来人类种出的米粒总数都没有这么多)。

1千米

750万倍

把1摩尔的纸一张张堆起来,高度相当于太阳到冥王星距离的750万倍。

两摩尔的猫有地球 那么重。

原子的大小

原子序数越大，原子就越重，因为里面包含的粒子增多了，但原子的大小并不会同样地增加。原子大小以半径进行衡量，也就是原子核到最外层电子的距离。

变化规律

在同一个周期里，原子序数越大，原子半径就越小。

原子核里的质子越多，对外层电子的吸引力就越强，会把电子层拉得离原子核更近。新的周期开始时，会产生一个新的电子层，让原子重新变大。

最大的原子

铯原子是所有元素中最大的。

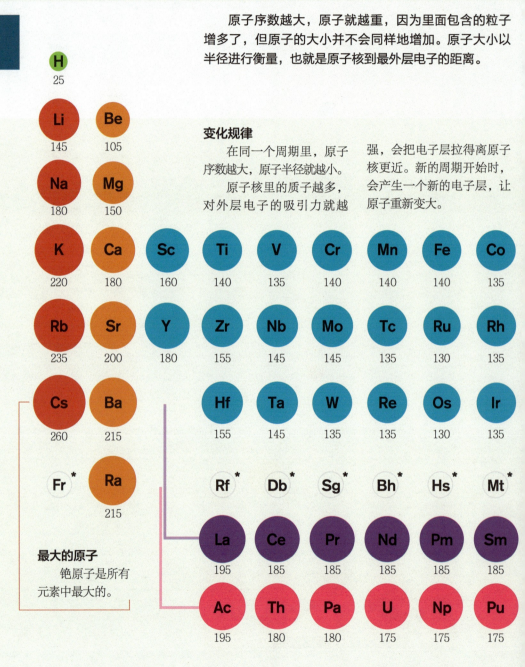

原子半径的测量

原子经常吸收和释放能量，其大小也随之频繁变化。测量两个原子键合时原子核之间的距离，取它的一半为原子半径，这个值比较稳定，也容易验证。

惰性气体不行

惰性气体的原子不会形成化学键，所以不能用这种方法测量它们的半径。

He *

尺寸单位

原子半径以皮米(pm)进行度量，1皮米是一万亿分之一米。

B 85	**C** 70	**N** 65	**O** 60	**F** 50	**Ne** *
Al 125	**Si** 110	**P** 100	**S** 100	**Cl** 100	**Ar** *

Ni 135	**Cu** 135	**Zn** 135	**Ga** 130	**Ge** 125	**As** 115	**Se** 115	**Br** 115	**Kr** *
Pd 140	**Ag** 160	**Cd** 155	**In** 155	**Sn** 145	**Sb** 145	**Te** 140	**I** 140	**Xe** *
Pt 135	**Au** 135	**Hg** 150	**Tl** 190	**Pb** 180	**Bi** 160	**Po** 190	**At** *	**Rn** *
Ds *	**Rg** *	**Cn** *	**Nh** *	**Fl** *	**Mc** *	**Lv** *	**Ts** *	**Og** *
Eu 185	**Gd** 180	**Tb** 175	**Dy** 175	**Ho** 175	**Er** 175	**Tm** 175	**Yb** 175	**Lu** 175
Am 175	**Cm** *	**Bk** *	**Cf** *	**Es** *	**Fm** *	**Md** *	**No** *	**Lr** *

* 无数据：那些数量稀少、存在时间短暂的放射性元素的原子半径还没有测量出来。

密度规律

密度指特定体积的物质的质量有多大。人们往往认为原子最大、最重的元素构成的物质密度也最大，这种想法似乎十分合理，但实际上是错的。

桌边闲谈

自然界里密度最小的元素是氢，最大的是锇（第二大的是铱，只比锇小一点点）。人造元素的密度应该更大，但人们迄今只在实验室里造出极少量的这类元素。

元素周期表里元素密度的变化有规律可循。族的编号越大，密度就越大；表格中间的元素密度比较大，尤其是过渡元素。不过，各个周期两端的元素密度比中间的要小。

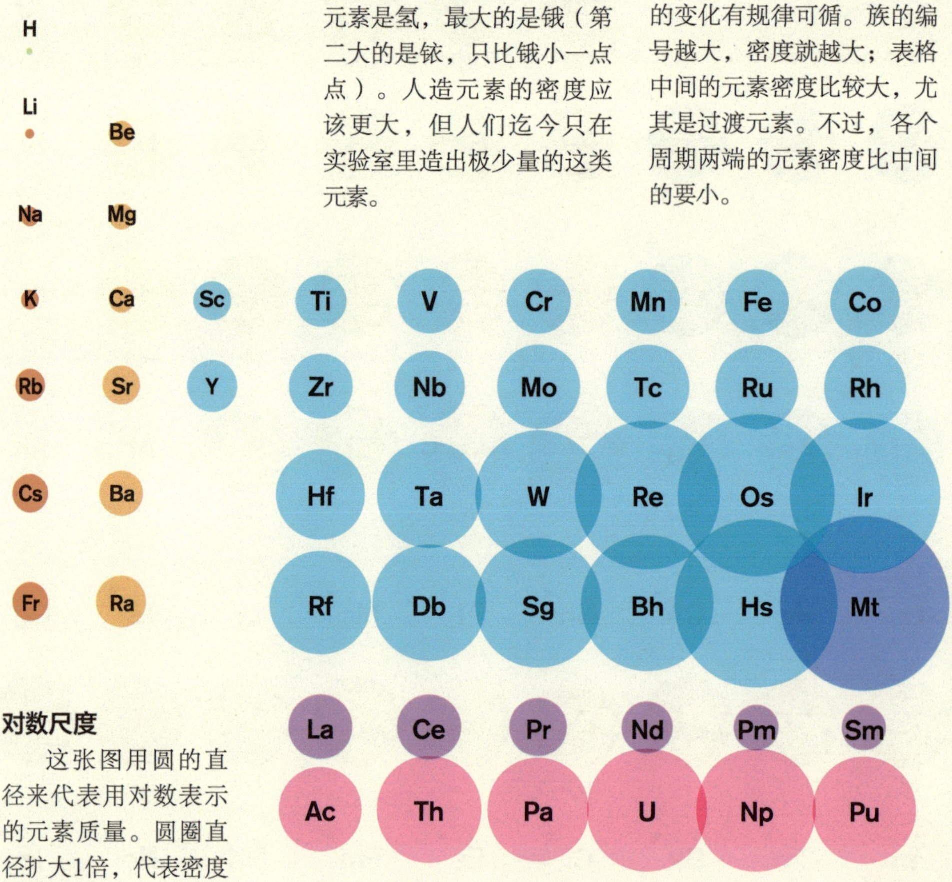

对数尺度

这张图用圆的直径来代表用对数表示的元素质量。圆圈直径扩大1倍，代表密度增加9倍。

推来挤去

元素的密度不仅仅由原子有多重来决定，原子的大小也很重要，最重要的因素是这些原子能互相挤得多近，或者说它们能不能形成化学键。密度最小的是气体，它们的原子不会聚集在一起，而是散布开来，占据很大的空间。在固体（和液体）里，原子之间离得很近时，它们的电子会互相推开，因为负电荷之间总是产生斥力。

有些原子产生的推力更大，如下表所示。表格左侧的元素表面的负电荷比较弱，但原子非常大，就算紧密聚集在一起也不会有多重。

表格右侧的元素的原子比较小，但表面的负电荷很强，会互相推开，占据较大的空间。表格中间的元素的原子较小也较重，表面的负电荷不那么强，聚集在一起产生的密度最大。

He

B C N O F Ne

Al Si P S Cl Ar

Ni Cu Zn Ga Ge As Se Br Kr

Pd Ag Cd In Sn Sb Te I Xe

Pt Au Hg Tl Pb Bi Po At Rn

Ds Rg Cn Nh Fl Mc Lv Ts Og

Eu Gd Tb Dy Ho Er Tm Yb Lu

Am Cm Bk Cf Es Fm Md No Lr

密度对比

2

用物体的质量（或重量）除以体积，就能算出密度。水是一种简单的密度度量标准。要了解一种物体的密度，最容易的方法就是拿它与水对比。如果该物体浮在水面上，它的密度就比水小；如果沉下去，它的密度就比水大。

按原子序数顺序显示密度

这张图按原子序数（和原子量）的顺序显示元素密度的变化趋势。图中每一个峰代表一个周期，也就是周期表里的一行。同一周期里的元素密度会逐渐增大，然后减小，在周期末尾达到最低点。这些最低点由第8族的稀有气体占据，不过氢例外，它是周期表中的第一种元素，也是密度最低的元素。

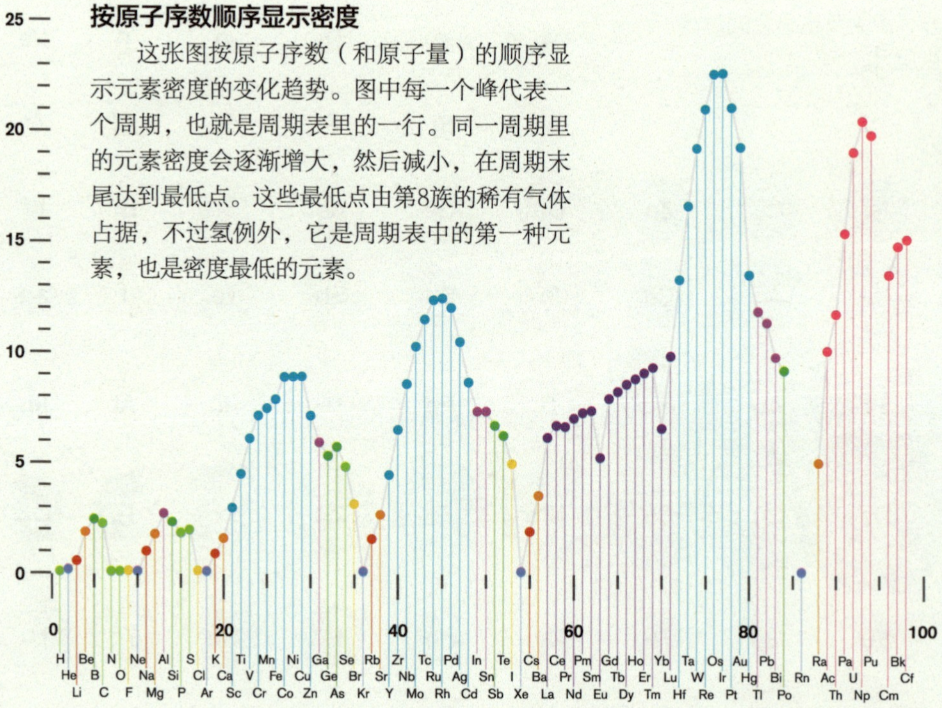

水与密度

质量用千克衡量，体积则用升衡量，非常简便。1升相当于1000毫升，1毫升就是1立方厘米。千克的定义非常巧妙，1升水的质量就是1千克。

水的密度是1千克/升（即1克/立方厘米）。所有物质的密度都是这么算的。在这张图里，我们把1立方厘米的水与同样体积的几种元素进行比较。

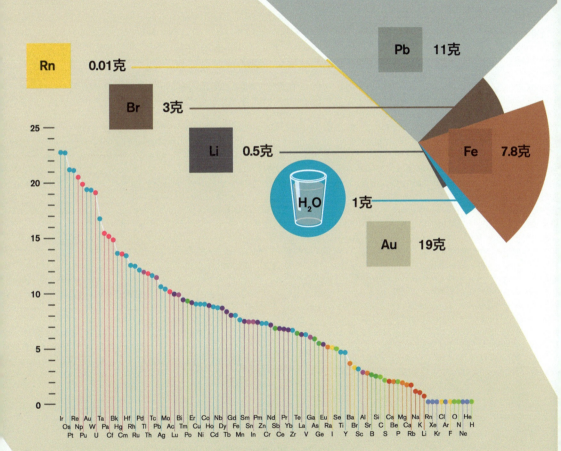

Rn 0.01克

Pb 11克

Br 3克

Fe 7.8克

Li 0.5克

H_2O 1克

Au 19克

按大小顺序显示密度

这张图按密度大小的顺序显示各种元素的密度。d区和f区的金属元素位于左侧，气体元素位于右侧。

地球上的元素

天文学家发现，在地球上能找到的元素全都能在宇宙中找到。不过它们的分布不均匀，包括在地球上也是如此。在我们这颗行星的不同地方，元素的分布非常不同。

地球分为迥然不同的3层：地核、地幔和地壳。地核里主要是比较重的金属元素，地球在幼年时代还是一个炽热的熔岩球时，这些元素下沉到了地球中央。现在地球的核心还是熔融状态。

较重的元素下沉时，硅、铝和氧等较轻的元素上浮到表面。随着地球表面冷却，这些元素凝结形成固态的岩石地壳。地球表面还覆盖着海洋以及大气层，它们各自由独特的元素构成。

N$_2$ 78%

O$_2$ 20.9%

Ar 0.9%

O 85.7%

H 10.8%

Cl 1.9%

Na 1.1%

Mg 0.1%

O 46%

Si 27%

Al 8.2%

Fe 6.3%

Ca 5.0%

Mg 2.9%

Na 2.3%

K 1.5%

大气层

海洋

按质量衡量各种
元素所占比例

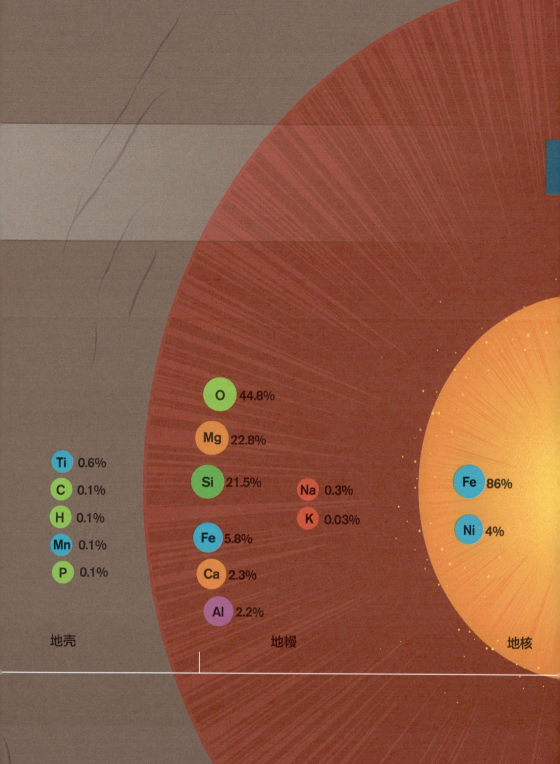

Ti 0.6%
C 0.1%
H 0.1%
Mn 0.1%
P 0.1%

O 44.8%
Mg 22.8%
Si 21.5%
Na 0.3%
K 0.03%
Fe 5.8%
Ca 2.3%
Al 2.2%

Fe 86%
Ni 4%

地壳

地幔

地核

人体的元素构成

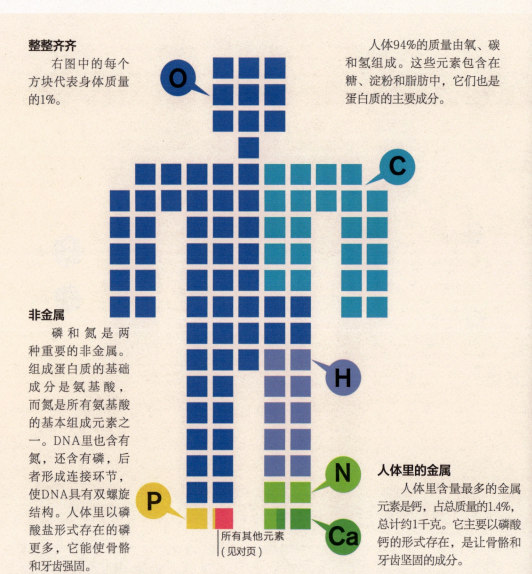

2

你的身体是由化学物质组成的，跟其他东西一样。直到19世纪20年代，人们还认为生物体内有某种不属于化学物质的"活力"，它驱动着各种各样的生理过程。后来发现，虽然人体非常复杂，但其中的化学反应跟其他地方发生的反应是一样的。

整整齐齐

右图中的每个方块代表身体质量的1%。

O

人体94%的质量由氧、碳和氢组成。这些元素包含在糖、淀粉和脂肪中，它们也是蛋白质的主要成分。

C

非金属

磷和氮是两种重要的非金属。组成蛋白质的基础成分是氨基酸，而氮是所有氨基酸的基本组成元素之一。DNA里也含有氮，还含有磷，后者形成连接环节，使DNA具有双螺旋结构。人体里以磷酸盐形式存在的磷更多，它能使骨骼和牙齿强固。

H

N

P

所有其他元素（见对页）

Ca

人体里的金属

人体里含量最多的金属元素是钙，占总质量的1.4%，总计约1千克。它主要以磷酸钙的形式存在，是让骨骼和牙齿坚固的成分。

元素组成的身体

人体包含60种元素，超过99%的质量仅由6种元素组成，即氧、碳、氢、氮、磷和钙。

另有0.85%的质量由钾、硫、钠、氯和镁组成。其余49种元素只占0.15%的质量，差不多是10克，这些元素称为微量元素。

目的明确

微量元素中的18种在人体内有已知功能，或者可能对人体有用，其中包括砷、钴甚至氟。这些元素剂量高了都会致死。

顺风车

微量元素中有31种在人体内没有已知的功能，而且含量非常微小，其中包括金、铯和铀。它们可能就是杂质而已，通过食物进入人体。

= 在人体内发挥重要作用（见对页）

= 在人体内有已知的功能

= 在人体内不发挥作用

= 可能对人体有用

= 在人体内不存在

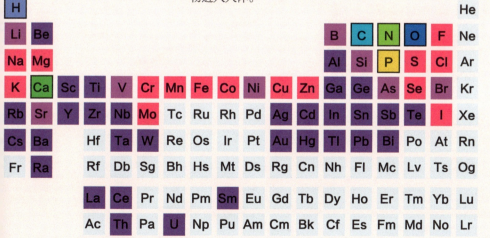

物态变化

每种元素都有一种标准状态，在标准条件（25℃、1个标准大气压）下呈现为固体、液体或气体。增加或减少热能可以让物质熔化、凝固、沸腾或液化。

熔点

这张图以摄氏温标显示了各种元素的熔点。大多数元素的熔点高于25℃（尽管有几种非常接近），因此在标准条件下是固体。

熔点最高的元素主要是比较重的过渡金属元素，不过最能耐受高温保持固态的元素是碳，它一般不会熔化，而是直接升华成气体。从固体变成液体所需温度最高的元素是钨。

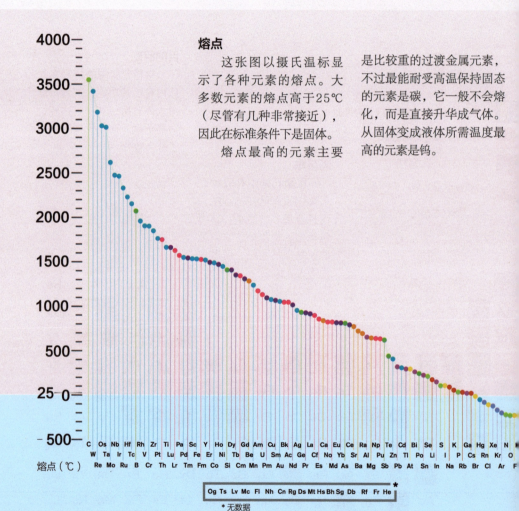

熔点（℃）

* 无数据

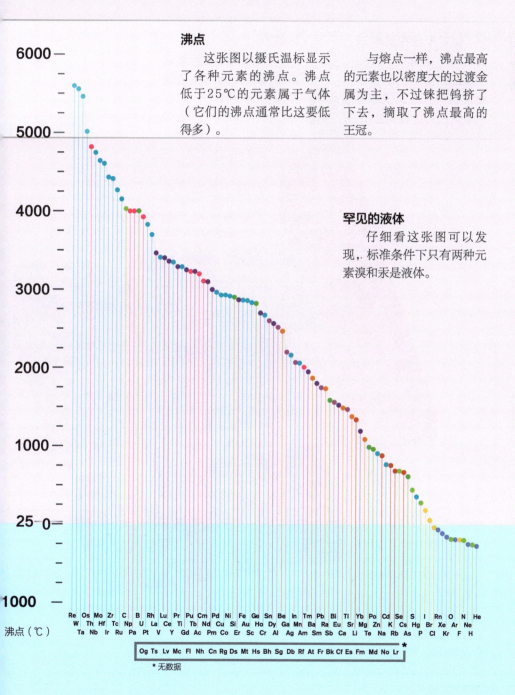

沸点

这张图以摄氏温标显示了各种元素的沸点。沸点低于25℃的元素属于气体（它们的沸点通常比这要低得多）。

与熔点一样，沸点最高的元素也以密度大的过渡金属为主，不过铼把钨挤了下去，摘取了沸点最高的王冠。

罕见的液体

仔细看这张图可以发现，标准条件下只有两种元素溴和汞是液体。

沸点（℃）

* 无数据

活动性

化学反应由元素试图填满（或清空）外电子层的力量所驱动。非金属会从其他原子那里获取电子，金属则会给出电子。

活动性最强的元素就是那些最容易给出或者获得电子的元素。

与水反应
与酸反应
与氧反应

2.1 H

1.5 Be

1.0 Li

0.9 Na	1.2 Mg

| 0.8 K | 1.0 Ca | 1.3 Sc | 1.5 Ti | 1.6 V | 1.6 Cr | 1.5 Mn | 1.8 Fe | 1.9 Co |

| 0.8 Rb | 1.0 Sr | 1.2 Y | 1.4 Zr | 1.6 Nb | 1.8 Mo | 1.9 Tc | 2.2 Ru | 2.2 Rh |

| 1.3 Hf | 1.5 Ta | 1.7 W | 1.9 Re | 2.2 Os | 2.2 Ir |

0.7 Cs	0.9 Ba

0.7 Fr	0.9 Ra

| Rf | Db | Sg | Bh | Hs | Mt |

| 1.1 La | 1.1 Ce | 1.1 Pr | 1.1 Nd | Pm | 1.2 Sm |

| 1.1 Ac | 1.3 Th | 1.5 Pa | 1.4 U | 1.4 Np | 1.3 Pu |

电负性

这张表显示了各种元素的电负性，该属性用于衡量一个原子有多容易接受额外的电子。金属的外层电子比较少，非常不愿意接收更多的电子。非金属的外电子层更接近满额，因此再接受电子的意愿要强得多。

活动性顺序

　　这幅图显示了一些常见金属元素的相对活动性。

　　最活泼的元素能与冷水、酸和氧发生反应，最不活泼的元素不会发生这些反应中的任何一种。

活泼　　　　　　　　　　　　　　　　　　　　　不活泼

背道而驰

　　同族元素的外层电子数相同。不过金属族（左侧）的活泼程度越往下越高，非金属族（右侧）则是越往下越低。

硬度

把物质的硬度量化是一件难事，在这个问题上有好几个相互竞争的体系。其中最简单的是莫氏硬度表，它通过把样本矿物与10种指标矿物进行对比来确定硬度，这10种矿物在自然界里都能以纯净形态存在。

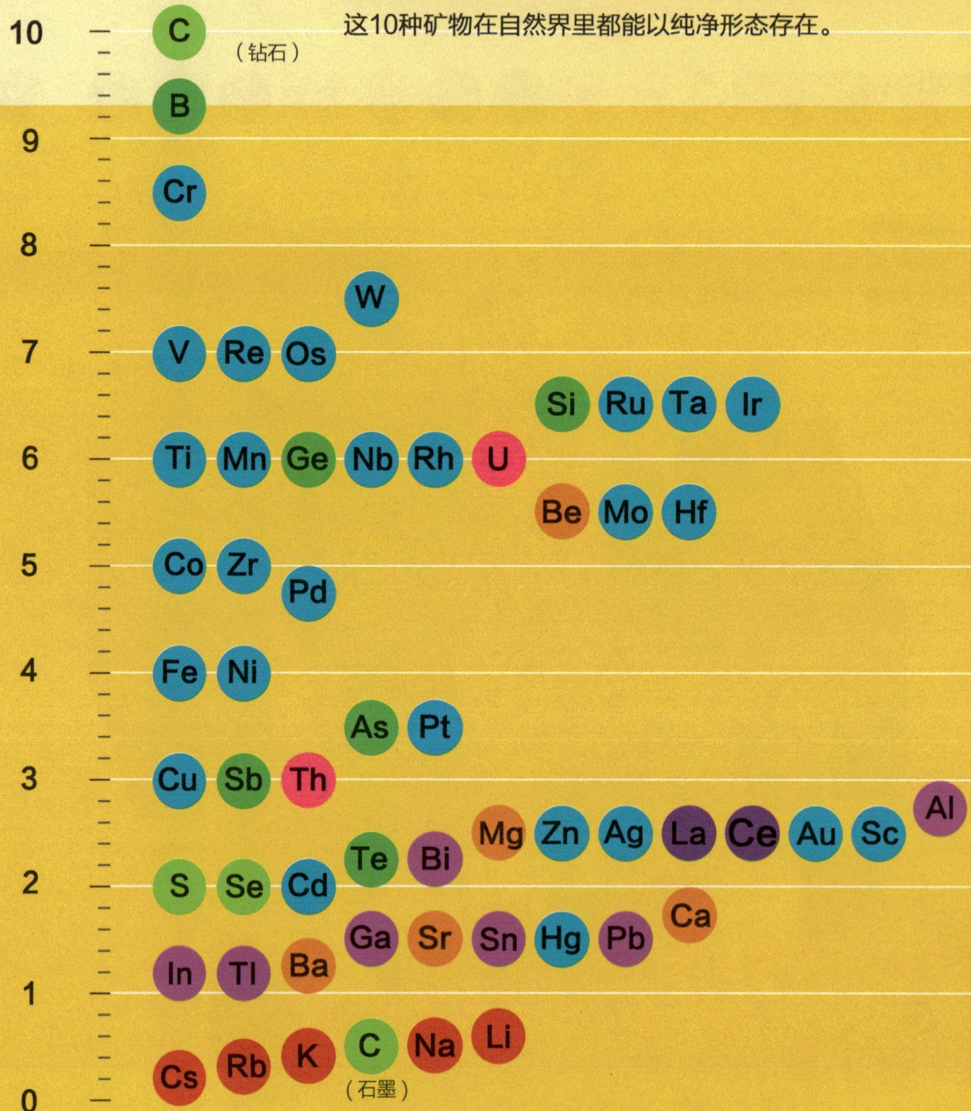

硬度	元素
10	C（钻石）
9	B
	Cr
8	
7	W / V Re Os
6	Si Ru Ta Ir / Ti Mn Ge Nb Rh U / Be Mo Hf
5	Co Zr / Pd
4	Fe Ni
3	As Pt / Cu Sb Th / Mg Zn Ag La Ce Au Sc Al
2	S Se Cd / Te Bi / Ga Sr Sn Hg Pb Ca
1	In Tl Ba
0	Cs Rb K C（石墨） Na Li

划痕试验

莫氏硬度表的编制思路是把指标矿物与被测物质（这里所说的待测物质是指由纯净的固态元素构成的物质）相互摩擦，然后寻找摩擦产生的划痕，如果指标矿物被擦出痕迹，就表示由该元素构成的物质硬度更高，要在表中寻找下一种指标矿物来对比，直到被测物质被擦出痕迹，从而得到大致的硬度值。多用一些矿物来对比，可以让硬度值更精确。

钻石

刚玉

托帕石

石英

长石

磷灰石

萤石

方解石

石膏

滑石

是对比，不是测量

莫氏硬度表简单有效，但不能体现相对硬度的真正数值。滑石的硬度是1，钻石的硬度是10，并不表示钻石的硬度是滑石的10倍，实际上是几千倍。只有固体元素能这样测硬度，但很多固体元素过于稀少或者有放射性，这种方法不适用。

Cm	Am	Pu	Np	Pa	Ac	Rn	At	Po	Xe	I	Tc	Kr	Br	Ar	Cl	P	F	O	N	He	H
Cf	Bk	Og	Ts	Lv	Mc	Fl	Nh	Cn	Rg	Ds	Mt	Hs	Bh	Sg	Db	Rf	Lr	No	Md	Fm	Es

* 无数据

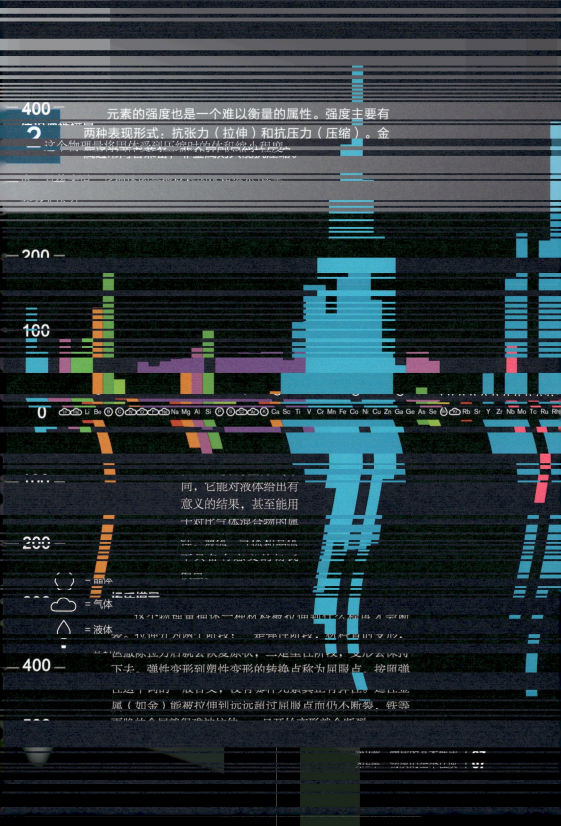

元素的强度也是一个难以衡量的属性。强度主要有两种表现形式：抗张力（拉伸）和抗压力（压缩）。金

同，它能对液体给出有意义的结果，甚至能用来对比气体混合物的属

体积弹性模量

　　这个物理量将固体受到压缩时的体积缩小程度与表面积扩大程度进行对比，以衡量材料的压缩强度。具体来说，它描述的是把材料的体积缩小1%需要多大压力。

Ag Cd In Sn Sb Te I Xe Cs Ba La Ce Pr Nd Pm Sm Eu Gd Tb Dy Ho Er Tm Yb Lu Hf Ta W Re Os Ir Pt Au Hg Tl Pb Bi Po At Rn Fr Ra Ac Th Pa U Np Pu

体积弹性模量与其他的强度衡量方式不同，它能对液体给出有意义的结果，甚至能用于对比气体混合物的属性。液体、气体和晶体不具备有意义的杨氏模量。

 ＝晶体

 ＝气体

 ＝液体

＝放射性

传导性

传导性有两种形式：导电性和导热性。如果某种元素的一种传导性很好，那么它的另一种传导性通常也很好。不过也有例外，这些例外对科学、技术和日常生活产生了重大影响。

传输热量

热实际上是原子的运动。物质变热时，原子的运动能量升高。固体元素的原子键合在一起，变热意味着原子来回振动得更厉害，在导热性优良的物质里，这种振动能从一个原子传递给邻近的原子。

运载电流

电流是指电荷在材料里的定向流动。物质导电通常就是运载一批带负电的电子，后者在材料内部汹涌奔流。金属的导电性最好，因为它们的外层电子比较少，容易从原子中释放出来，通过定向运动形成电流。非金属原子把电子抓得比较紧，因此需要更大的电力推动（也就是更高的电压）才能导电。

47Ag 银	29Cu 铜

银和铜是两种良好的导体。金属的传导性通常最好，因为它们的原子的自由度更大，更容易相互传递能量。银和铜的原子只有一个外层电子，该电子非常容易释放出去运载电流。

54Xe 氙	86Rn 氡

致密气体氙气和氡气的导热性最差，因为它们的原子非常笨重，而且互相不连接。常温下所有的气体都是非金属，它们的导电性跟导热性一样差。

14Si 硅	32Ge 锗

硅和锗在众多元素里很独特，它们的导热性比较好，与金属相似；但导电性很差，类似于非金属。它们有4个外层电子，处在典型金属与典型非金属之间，因而称为半金属。这两种元素是半导体材料的主要来源。半导体可以从绝缘体转换成电导体，这种转换是电子技术和计算机技术的基础。半导体通常包含微量的掺杂物，如锡、硼和砷，它们可以增强材料输送电流的能力。

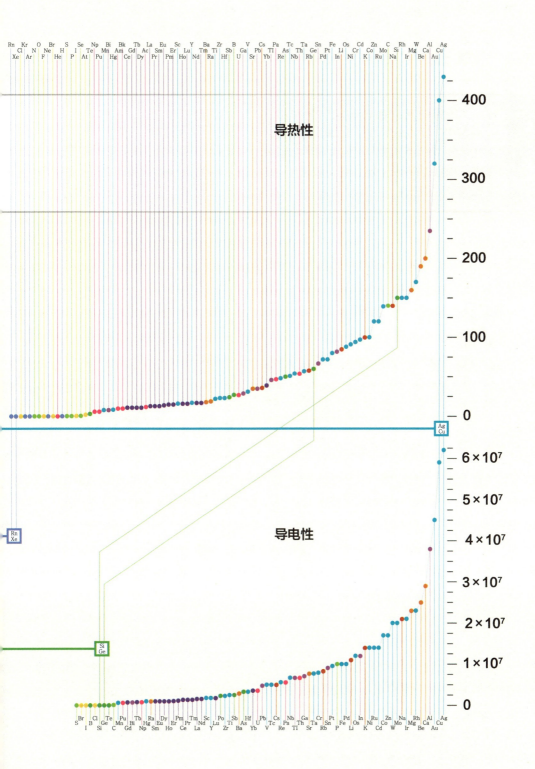

磁性

所有的元素都会表现出某种形式的磁性，只是有的过于微弱，很难让人注意到，或者无需在日常生活中加以考虑。磁效应有4种：铁磁性、顺磁性、逆磁性和反铁磁性。

累积作用

所有元素的所有原子都会产生磁场，不过这些微小磁场的方向通常是随机的，从而相互抵消。把某一元素构成的物质放在磁场里，它的原子就会变换方向，在磁场作用下排列整齐，揭示该元素的磁性。

标准温度（25℃）下各元素的磁性

■ ＝顺磁性　　　■ ＝铁磁性　　　■ ＝反铁磁性　　　■ ＝逆磁性

顺磁性：原子沿磁场方向排列，被磁源吸引。撤去磁场后，原子会重新排列，失去磁性吸力。

铁磁性：原子沿磁场方向排列，被磁源吸引。撤去磁场后，原子排列方向不变，仍然表现出永久的磁性。

反铁磁性：原子沿磁场方向排列，一半原子朝向磁场，一半原子背向磁场。两者的作用相互抵消，总体效果为零。

逆磁性：原子沿磁场方向排列，但与磁源相斥。撤去磁场后，磁性效果全部消失。

磁性与温度有关

元素的磁性与温度有关，例如钬原子产生的磁性吸力在所有元素中是最强的，但它的铁磁性要在零下254℃时才表现出来。

顺磁性材料

铁磁性材料

反铁磁性材料

逆磁性材料

通常状态下 磁场存在时 磁场撤除后

光谱

光是原子产生的辐射。原子中的电子失去能量时，原子就会发光，每种元素发出的光都有特定的波长组合，或者说颜色组合。这些独特的原子光谱可用于识别原子，只要看它们发出什么光就行了。

焰色实验

识别元素最简单的方法是把它点燃，火焰会呈现光谱的颜色，揭示元素的身份。

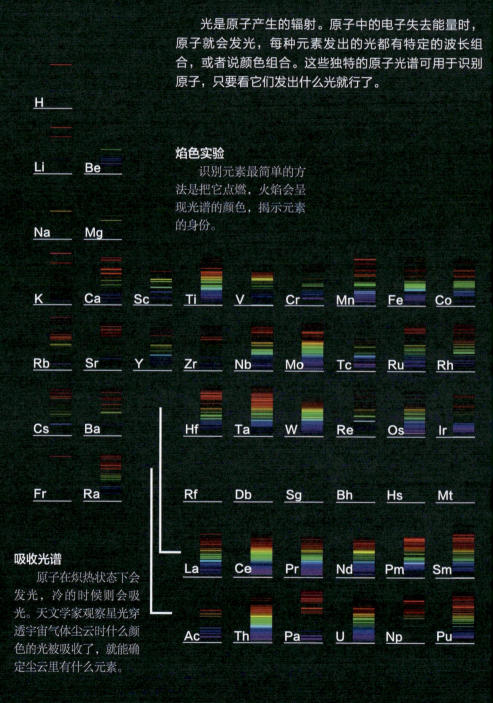

吸收光谱

原子在炽热状态下会发光，冷的时候则会吸光。天文学家观察星光穿透宇宙气体尘云时什么颜色的光被吸收了，就能确定尘云里有什么元素。

发现元素的工具

　　许多元素是通过与其光谱相符的光线被首次发现的，其中最著名的是氦。铷、铯、铊等几种元素根据它们的发光颜色（分别是红色、蓝色和绿色）命名。

元素的起源

元素不是从一开始就存在的，它们通过核反应产生，较小的原子在核反应中被迫聚合成较大的原子。

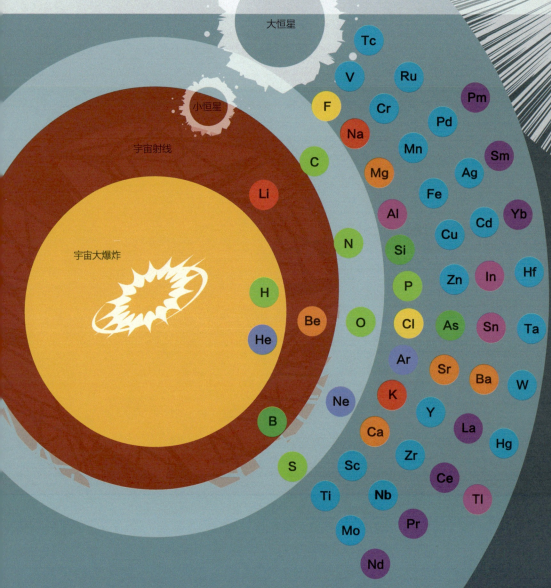

大恒星

小恒星

宇宙射线

宇宙大爆炸

Tc V Ru F Cr Pm Na Pd Mn Sm C Mg Ag Fe Li Al Cu Cd Yb N Si Zn In Hf H P Be O Cl As Sn Ta He Ar Ne K Sr Ba W S Y La Hg Ca Zr Sc Ce Ti Nb Tl Mo Pr Nd

超新星

人工合成

诞生之初

　　氢原子是最简单的原子，它的原子核在宇宙大爆炸之后诞生，开始聚变形成氦。

　　宇宙一旦开始膨胀，高速氢原子核和氦原子核组成的宇宙射线就聚合成原子序数更大的元素，如锂、铍和硼。

原子工厂

　　恒星起初是巨大的氢气团，在自身引力作用下变热、收缩。恒星中央的核聚变产生氦。氢原料用完后，氦就开始聚变，产生更重的元素。所有比硼重的元素都在恒星内部生产出来。

　　像我们的太阳这样的恒星能够产生的最重的元素是氪。接下来它会膨胀成一颗红巨星，产生更重的元素。最大的恒星都会以剧烈爆炸的形式消亡，称为超新星爆发。自然界中最重的元素是在这些极为剧烈的事件中产生的。

实验室合成

　　超新星也许能产生比钚更重的元素，但它们存在的时间太短，人们还没有在自然界中发现过。这些元素是用核反应堆和粒子加速器合成出来的。

丰度

宇宙中有些元素比其他元素更常见，总体趋势是：
原子序数比较小的元素最常见，随着原子序数递增，元
素丰度会平稳下降。不过，这只反映了一半的情形。

10^{12}

轻元素的低谷

锂、铍和硼的丰度比总体趋势表现的要低得多。
这是因为一旦氢开始聚变成氦，两者就更容易聚合成
碳之类更重的元素。这3种元素主要由早期宇宙中飞
快地四处跳跃的自由质子产生。

隆重登场

铁和镍都违背了总体趋
势，它们的原子序数是偶
数，但丰度比预期的还要
高。这是因为超新星内部会
大量产生这类元素——它们
大概处在周期表从左到右三
分之一的位置。

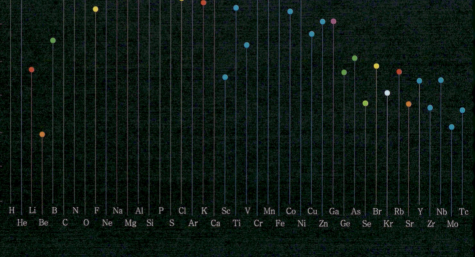

相对丰度

10^{10}

10^8

10^6

10^4

10^2

10

10^{-2}

H Li B N F Na Al P Cl K Sc V Mn Co Cu Ga As Br Rb Y Nb Tc
  He Be C O Ne Mg Si S Ar Ca Ti Cr Fe Ni Zn Ge Se Kr Sr Zr Mo

偶数胜出

这张图表显示了各种原初元素的宇宙丰度——它们在宇宙中的含量。

从图中可以清楚地看到，总体趋势是元素越重，其丰度越低。不过根据奥多－哈金斯法则，原子序数是偶数的元素比原子序数是奇数的元素更丰富。

奥多－哈金斯法则

奥多－哈金斯法则预测，原子序数是奇数的元素的丰度通常比其左右两侧原子序数是偶数的元素要低。这是因为原子核里的质子最稳定的形式是成双成对。原子序数为偶数意味着原子核里的质子全都是成对的，而奇数意味着存在一个孤独的质子。这个落伍者更有可能被原子核驱逐出去，或者在恒星内部的核反应中找到一个伴侣。因此，原子序数为偶数的元素比原子序数为奇数的元素更常见。

铅

铅是最重的元素之一，原子序数很大，但比它之前的25种元素更常见，因为大多数核反应的最终产物都是铅。铀和钍会逐渐裂变成一系列非常不稳定的元素，直到最后变成稳定的铅。自宇宙诞生以来，铅的丰度一直在稳定提高。

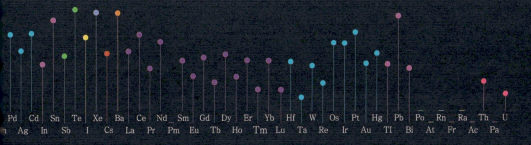

第3章　物质的化学奥秘

物态

所有的元素和化合物都有一种标准的物质状态——固态、液态或气态。每种物质都会在特定的温度下改变物质状态，这些温度称为熔点和沸点，其高低取决于原子之间的化学键形成或断裂时需要多少能量，不同物质的这种能量差异很大。

物理变化

物态变化属于物理变化，不会改变物质的化学性质。能与水蒸气发生反应的化合物和与水发生反应的那些化合物是一样的。不过水蒸气所含的能量更多，发生反应的速度要比水快。

气体

在气体状态下，原子或分子之间没有化学键，所有的气体粒子都能朝任意方向自由运动，所以气体可以呈任意形状，会扩散开来充满任意大小的空间。

电离

复合

汽化

液化

气体

凝华

升华

液体

液体

转变为液态时，固体里的化学键大概有10％会断裂，使原子和分子能四处移动，彼此擦肩而过。液体的体积是固定的，但能流动，其形状可以随容器的形状任意变化。

熔化

凝固

固体

固体

在固态下，每个原子都与相邻的原子以化学键连接，所以固体的形状和体积都是固定的。

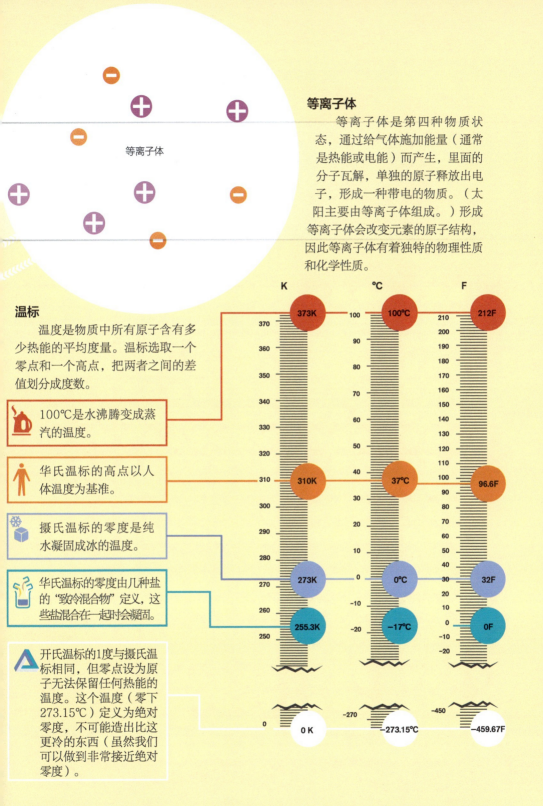

等离子体

等离子体是第四种物质状态，通过给气体施加能量（通常是热能或电能）而产生，里面的分子瓦解，单独的原子释放出电子，形成一种带电的物质。（太阳主要由等离子体组成。）形成等离子体会改变元素的原子结构，因此等离子体有着独特的物理性质和化学性质。

温标

温度是物质中所有原子含有多少热能的平均度量。温标选取一个零点和一个高点，把两者之间的差值划分成度数。

100℃是水沸腾变成蒸汽的温度。

华氏温标的高点以人体温度为基准。

摄氏温标的零度是纯水凝固成冰的温度。

华氏温标的零度由几种盐的"致冷混合物"定义，这些盐混合在一起时会凝固。

开氏温标的1度与摄氏温标相同，但零点设为原子无法保留任何热能的温度。这个温度（零下273.15℃）定义为绝对零度，不可能造出比这更冷的东西（虽然我们可以做到非常接近绝对零度）。

在组成周期表的118种元素中，有84种是金属元素。金属通常很坚硬，有着闪亮的光泽。它们的导电性和导热性都很好，能压成平板，拉成长丝。这些特点都是由金属原子相互结合的方式决定的。

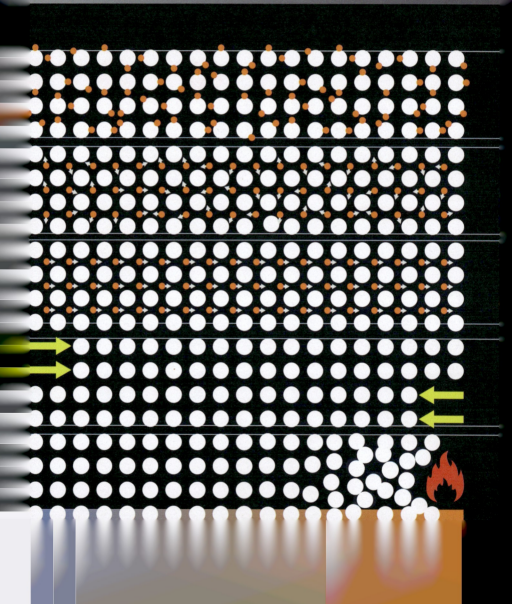

加热金属

自古以来，锻冶工人就会通过金属的颜色判断温度。右图显示了铁和钢在不同温度下的颜色。彩色的光是由原子发出的，随着原子包含的能量增多，金属的颜色会发生变化，所以颜色能显示金属键的强度有多高。

自由电子

某种元素有着金属特性，是因为其原子的外层电子比较少。大多数金属都只有一个或两个外层电子，不过有几种金属的外层电子更多。金属原子的外层电子数量少，意味着外电子层大部分是空的，很容易把少得可怜的外层电子丢掉。由此产生的自由电子决定了金属的许多特性。

离域

根据传统看法，原子周围的电子数量是固定的，但固态金属里所有原子的外层电子都会离域，由所有原子共享。这就在原子周围产生了一个带电荷的"海洋"，把原子粘在一起。

导电

给金属施加电荷差（比如说一端的正电更强）时，离域电子（带负电）会流向这一端，使电荷重新达到平衡，这就形成了电流。

展性和延性

离域电子形成的键把原子紧紧连接在一起，但这种连接并不固定，原子可以相互滑动而不分开，所以金属有展性（能压成平板）和延性（能拉成长丝）。

导热

热量在金属里的传导速度比在大多数非金属里都快，这是因为金属原子自由移动的空间更大。给金属一端的原子增加热量，会让它们振动得更快，这种运动会平稳传递给邻近的原子，使热量传过整块金属。

1093℃
1038℃
982℃
927℃
871℃
816℃
760℃
704℃
649℃
593℃
538℃
427℃
302℃
282℃
271℃
260℃
249℃
241℃
229℃
199℃

离子键

　　两种或更多元素的原子结合在一起，会形成化合物，其属性与原来的成分大不相同。由金属元素和非金属元素组成的化合物通常用离子键连接。

电子转移

　　两个原子化合时，它们的电子处在能量比较低、较为稳定的状态，形成一个化学键。离子键是通过转移外层电子形成的。金属原子通常有一个或两个外层电子，把它们拿走会让原子更稳定。非金属与此相反，往外层添加电子会让它们更稳定。在右图的例子里，一个钠原子朝一个氯原子运动，它们分别失去和得到一个电子而变成离子，也就是带有电荷、与原子相似的粒子。钠离子带一个正电荷，氯离子带一个负电荷。两个离子的电荷极性相反，这把它们吸引到一起，形成一个电中性的氯化钠分子（NaCl，也就是食盐）。

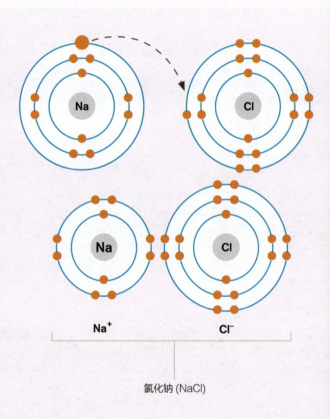

氯化钠（NaCl）

保持中性

　　离子键里的电荷加起来要等于零，才能形成电中性的分子。例如，钠与氧形成氧化钠（Na_2O）时，两个钠离子与一个氧离子结合。氧的外电子层有两个空位可填补，所以它的离子带两个负电荷。

缩水的正离子

失去电子的原子变成带正电的离子，也就是正离子。正离子失去了整个外层电子，所以比原子小不少。

膨胀的负离子

带负电的离子叫负离子，它们的外电子层被填满，增加的负电荷被原子核往外推，导致负离子比原子要大。

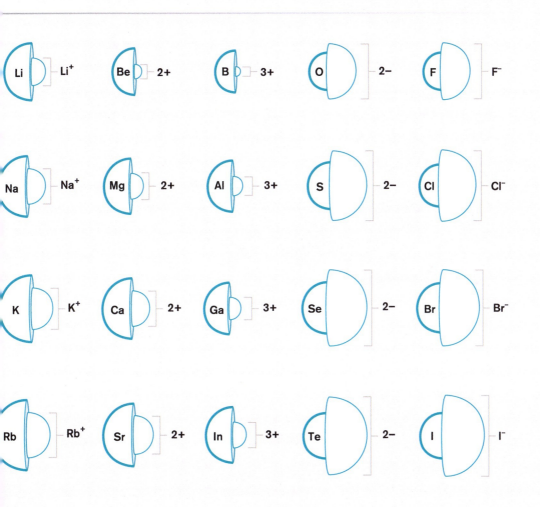

共价键

非金属元素组成的化合物通常由共价键连接。共键价不会把电子从一个原子转移给另一个原子，而是让不同的原子共享电子。这会让两个原子的外电子层（也叫作价电子层）结合在一起，形成分子。

凑齐8个

大多数价电子层都有8个电子的位置（只有氢和氦的外电子层是两个位置）。氯这样的原子只需要配成一个电子对，就能形成稳定的分子。而氧原子的外电子层有两个空位，它需要找到两个电子来跟自己的外层电子配对，比如氧与氢结合形成水时就是这样。氮需要配成3个电子对，碳需要4个。

牢牢抓住

非金属原子的价电子层接近于填满，这意味着它们对外层电子抓得比较牢，因为失去外层电子会让原子更加不稳定，而不是更加稳定。所以，大多数通过共价键形成的化合物都不导电，它们几乎没有能运载电流的自由电子。

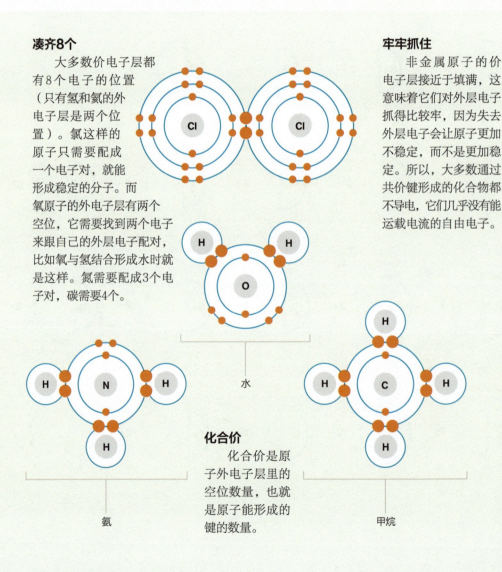

水

氨

化合价

化合价是原子外电子层里的空位数量，也就是原子能形成的键的数量。

甲烷

互斥

共价键里共享的两个电子会互相排斥，尽可能地远离对方，这使分子具有特定的形状。

孤电子对

不共享的孤电子对也会影响分子的形状，这些电子对在共价键形成之前就存在了，里面的电子也会互相排斥，就像共享电子对一样。有些分子由完全不同的元素组成，形状却很相似，这是孤电子对的作用导致的。左图显示了孤电子对的作用，不过孤电子对其实不会像相互结合的原子那样从分子里突出来。

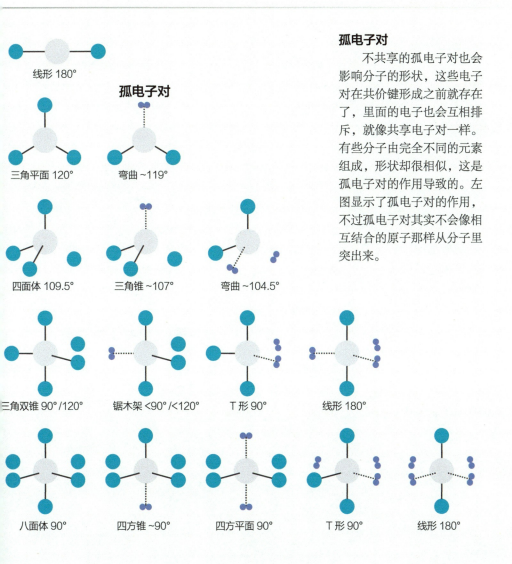

孤电子对

线形 180°

三角平面 120°

弯曲 ~119°

四面体 109.5°

三角锥 ~107°

弯曲 ~104.5°

三角双锥 90°/120°

锯木架 <90°/<120°

T 形 90°

线形 180°

八面体 90°

四方锥 ~90°

四方平面 90°

T 形 90°

线形 180°

化学反应

化学反应就是反应物转变成新物质（叫作产物）的过程，反应物可以是一种或多种单质或化合物。在化学反应中，化学键会断裂，然后重新结合，得到的产物比反应物更稳定。

活化能

每个化学反应在发生之前都要先跨越一个能量壁垒。一般通过加热反应物来提供这些活化能。

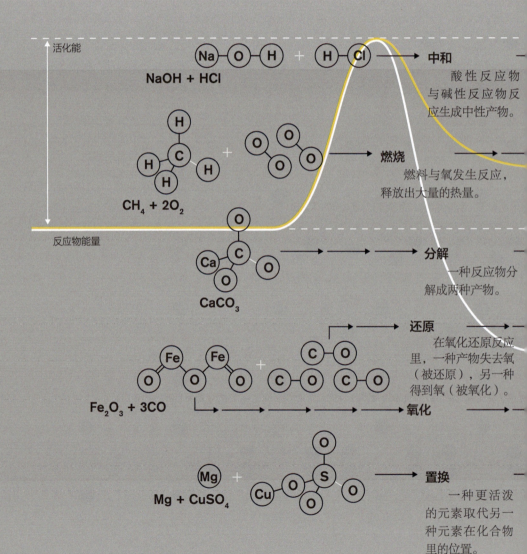

活化能

NaOH + HCl

中和
酸性反应物与碱性反应物反应生成中性产物。

CH$_4$ + 2O$_2$

燃烧
燃料与氧发生反应，释放出大量的热量。

反应物能量

CaCO$_3$

分解
一种反应物分解成两种产物。

还原
在氧化还原反应里，一种产物失去氧（被还原），另一种得到氧（被氧化）。

Fe$_2$O$_3$ + 3CO

氧化

Mg + CuSO$_4$

置换
一种更活泼的元素取代另一种元素在化合物里的位置。

输出能量

化学反应中打断化学键会产生能量，这些能量用来形成产物里的新键。如果形成新键所需的能量比化学键断裂时产生的能量少，反应就会把余热释放出来，这样的反应是放热反应。不过也有一些反应是吸热反应，它们放出的热量比输入的能量要少，产物会变冷。

催化剂

催化剂是参与化学反应但是不会被消耗掉的物质。它的作用是降低活化能，让反应更容易发生。

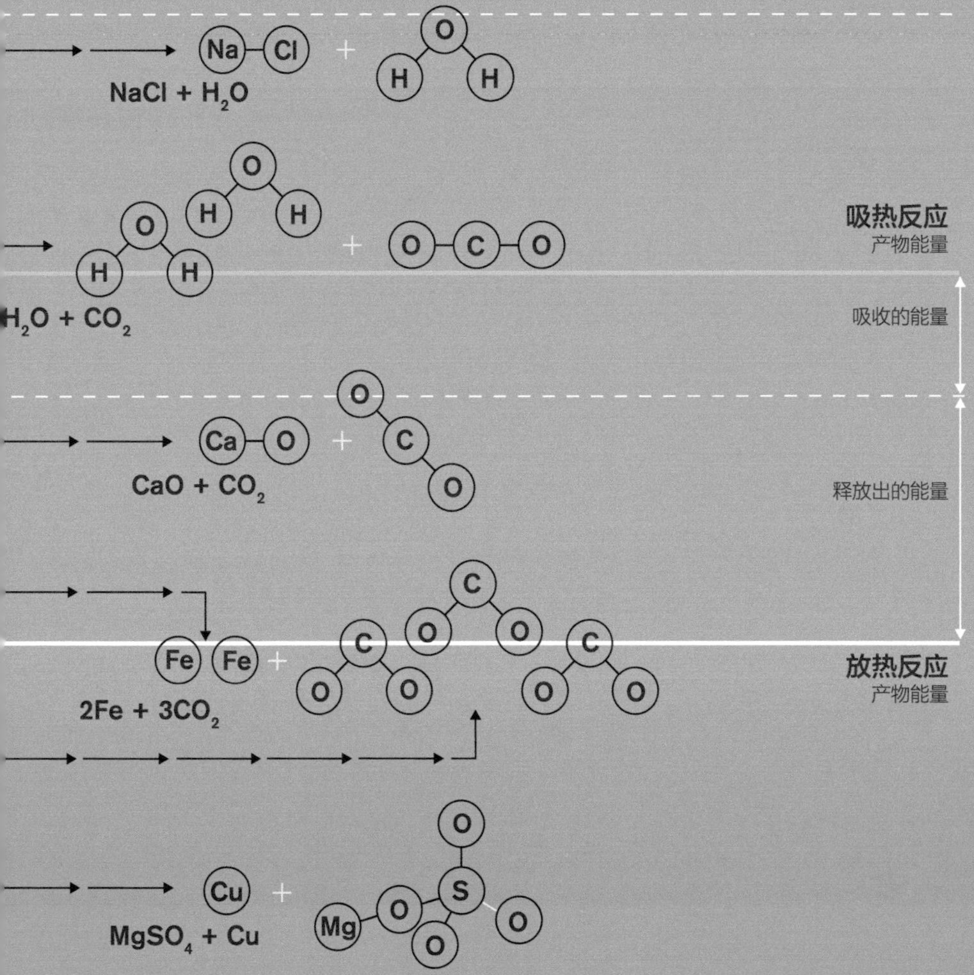

$NaCl + H_2O$

$H_2O + CO_2$

吸热反应
产物能量

吸收的能量

$CaO + CO_2$

释放出的能量

$2Fe + 3CO_2$

放热反应
产物能量

$MgSO_4 + Cu$

混合物

3

日常生活里的许多物质都是混合物，它们与化合物不同。化合物只能通过化学反应分解成不同成分，而混合物的成分之间没有化学键，可以用纯粹的物理过程分离。

非均匀混合物

最简单的混合物里各种物质的分布不均匀，每种成分都很容易辨别，它们叫作非均匀混合物，比如不同的硬币混在一起。

分离混合物

有几种方法可以分离混合物。把混合物里的液体蒸发掉，就能提取出溶解在液体里的固体物质。过滤装置可以把大块固体与小块固体分开。混在一起的液体要用蒸馏的方式分离，其中沸点低的液体蒸发掉，重新冷却凝结成纯净的液体。

均匀混合物

均匀混合物里的各种物质混合得很均匀，看不到单独的成分。在均匀混合物里，一种成分充当介质，其他物质散布在介质中。所有状态的物质都能混合。均匀混合物主要有3种：悬浊液、胶体溶液（或乳浊液）、溶液。

物质

能否通过物理过程分离?

否 → 纯净物

是 → 混合物

能否通过化学过程分解?

各处成分是否相同?

否 → 元素

是 → 化合物

否 → 悬浊液（或乳浊液）

是 → 溶液

悬浊液

　　散布在介质中的成分颗粒很大，会逐渐沉淀下来。泥水是一种悬浊液。

胶体溶液

　　散布的成分颗粒很小，但仍然比介质的分子大得多。洗发香波是一种胶体溶液。

溶液

　　成分溶解在介质中，它们的分子与介质本身的分子一样均匀散布。盐水是一种溶液。

泡沫

打好的蛋清
剃须乳
打好的奶油
苏打冰淇淋

 散布的颗粒
气体

 分散介质
液体

 散布的颗粒
气体

 分散介质
固体

固体泡沫

棉花糖
泡沫塑料

液态气溶胶

云、雾、霭
头发定型剂
除臭喷雾

 散布的颗粒
液体

 分散介质
气体

 散布的颗粒
液体

 分散介质
液体

乳浊液

牛奶
蛋黄酱
血液

凝胶

奶酪
黄油
人造黄油

 散布的颗粒
液体

 分散介质
固体

放射性

所有的元素都有放射性形式，即放射性同位素。有38种元素根本没有稳定的同位素。原子核如果不稳定，就会发生分裂，也就是发生衰变，释放出高能粒子，放射性就是这样产生的。

■ = 没有稳定的同位素

原子裂变

这是一种非同寻常的放射性衰变，一个原子核分裂成两个差不多大小的部分，释放出极其巨大的能量。如果裂变事件能促成进一步裂变，就会形成链式反应。链式反应不受控制的话，会发生核爆炸。核反应堆控制着核反应，用来发电。最重的裂变同位素是铀238，它会分裂成氪原子和钡原子。

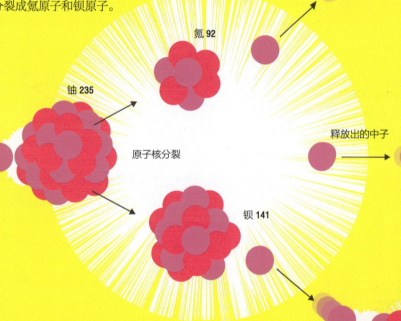

中子撞击原子核

铀 235

氪 92

原子核分裂

钡 141

释放出的中子

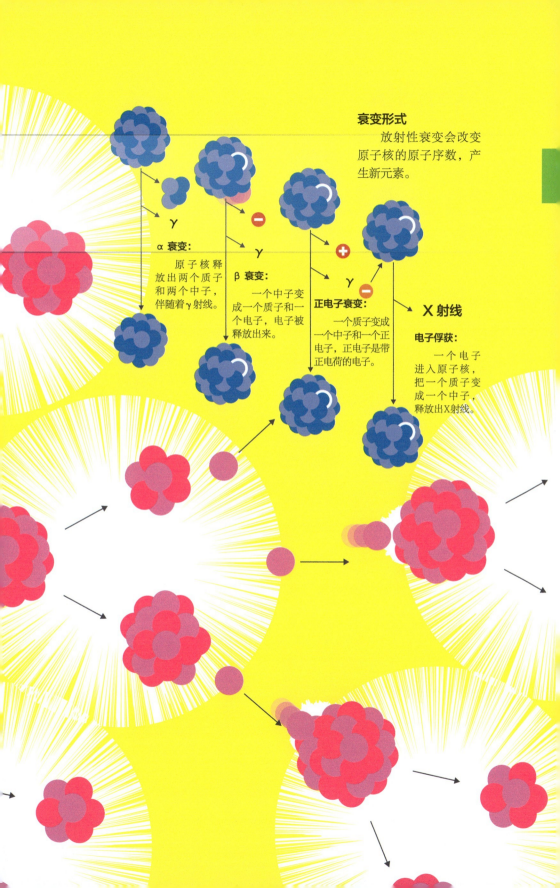

衰变形式

放射性衰变会改变原子核的原子序数，产生新元素。

α 衰变：

原子核释放出两个质子和两个中子，伴随着γ射线。

β 衰变：

一个中子变成一个质子和一个电子，电子被释放出来。

正电子衰变：

一个质子变成一个中子和一个正电子，正电子是带正电荷的电子。

X 射线

电子俘获：

一个电子进入原子核，把一个质子变成一个中子，释放出X射线。

辐射剂量

3

放射性是一种很自然的现象。岩石、大气甚至食物和人体里都存在放射性同位素，产生低剂量的背景辐射。不过，用于发电、医疗和制作武器的放射性原料是经精炼过的，它们会增加暴露剂量，必须受到监管。

暴露

衡量辐射暴露剂量的单位是希沃特(Sv)，代表每千克身体组织吸收了多少辐射能量。1毫希沃特（10⁻³希沃特）写作1mSv，1微希沃特（10⁻⁶希沃特）写作1μSv。

● = 0.05μSv　● = 0.02mSv　● = 10mSv

与他人睡在一起 (0.05μSv)

在离核电厂80千米以内的区域居住一年(0.09μSv)

吃一个香蕉 (0.1μSv)

在离煤电厂80千米以内的区域居住一年 (0.3μSv)

牙齿或手部X射线检查 (5μSv)

一个普通人在寻常的一天里吸收的背景辐射剂量(10μSv)

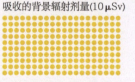

乘飞机从纽约飞到洛杉矶 (40μSv)

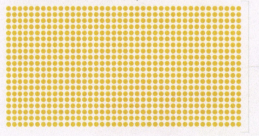

在用石头、砖块或混凝土建造的房子里住一年 (70μSv)

美国环境署规定的核电厂每年辐射上限(250μSv)

人体内的天然钾每年产生的辐射剂量 (390μSv)

一个普通年份的背景辐射剂量，其中约85%来自天然辐射，其余绝大部分来自医疗扫描检查。(约3.65mSv)

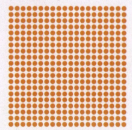

生物影响

　　人体内放射性衰变产生的能量会改变许多参与代谢的复杂化学物质，或者让它们的性质发生变化。人体能识别受损的化学物质并把它们排出体外，但这种能力是有限的。较高剂量的辐射暴露会增加患癌风险，还会导致辐射病。后者影响整个身体，会给那些细胞持续生长并更新的组织带来灾难性的后果，比如胃的内层、皮肤、血液和生殖器。治疗方法包括用化学物质捕捉体内的放射性物质，把它们清除出去。

累积效应

　　放射性物质会在人体内累积，因此图中许多剂量值都与暴露时间有关。

美国辐射作业工作人员每年允许的剂量最大值 (50mSv)

会明显增加患癌风险的一年最低剂量
(100mSv)

紧急救援人员的剂量上限
(250mSv)

经过治疗仍会死亡的剂量 (8Sv)

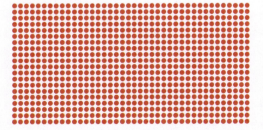

稳定性

每种原子核都有自己的半衰期，后者是样本中一半的原子核发生衰变所需要的时间。放射性强的原子核衰变得非常快，半衰期只有百万分之几秒。非放射性元素的半衰期长到要以万亿年来计算

稳定的原子核

虽然所有原子核都有理论上的半衰期，但非放射性元素的半衰期比宇宙的年龄还要长得多。

质子-中子比例

这张图显示了所有已知原子核里质子（Z）与中子（N）的数量比例。颜色表示原子核的半衰期。图中央的黑带代表稳定的原子核，我们的地球和宇宙是由它们的原子组成的。

比例升高

较轻元素的质子和中子数量大致相等。随着原子核越来越重，比例逐渐向中子倾斜。这其中的原因是，在比较大的原子核里，质子之间的距离比较远，互斥的倾向更强。为了维持稳定性，就要用电中性的中子来稀释质子。

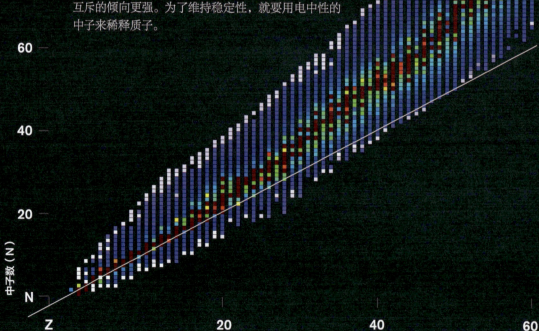

80 —

60 —

40 —

20 —

中子数（N）

N

Z   20   40   60

质子数（Z）

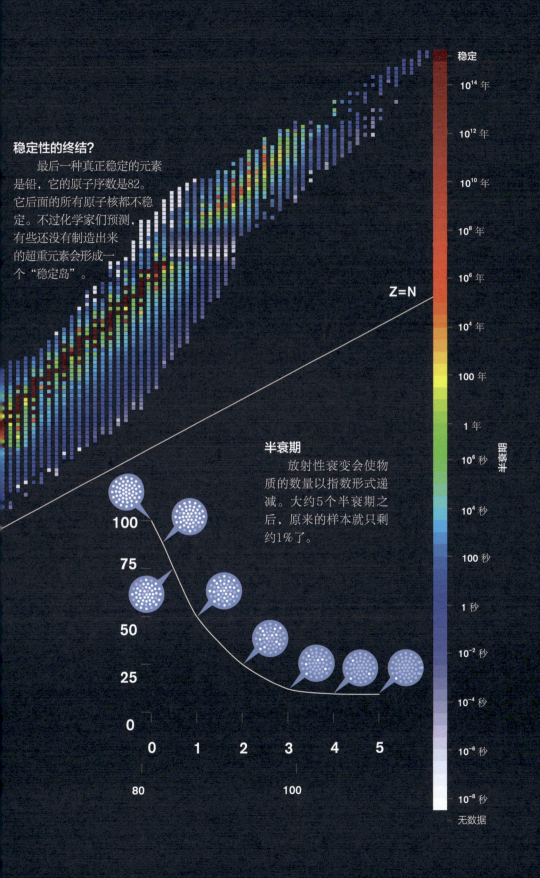

稳定性的终结?

最后一种真正稳定的元素是铅，它的原子序数是82。它后面的所有原子核都不稳定。不过化学家们预测，有些还没有制造出来的超重元素会形成一个"稳定岛"。

Z=N

半衰期

放射性衰变会使物质的数量以指数形式递减。大约5个半衰期之后，原来的样本就只剩约1%了。

稳定

10^{14} 年

10^{12} 年

10^{10} 年

10^{8} 年

10^{6} 年

10^{4} 年

100 年

1 年

10^{6} 秒

10^{4} 秒

100 秒

1 秒

10^{-2} 秒

10^{-4} 秒

10^{-6} 秒

10^{-8} 秒

无数据

半衰期

100

75

50

25

0

0   1   2   3   4   5

80   100

怎样制造新元素

3

在自然界中含量还算可观的元素中，最重的一种是放射性金属元素铀。不过自20世纪30年代以来，科学家们造出了一些新元素，使周期表不断扩大。

超铀元素

合成元素大多数是所谓的超铀元素。它们比铀重，所以统称为超铀元素。

砸碎原子

制造合成元素既要求精准，也需要蛮力。简单来说，就是用一连串较小的原子核(A)轰击一个由较大原子核(B)组成的靶标（原子核就是失去了电子的原子）。大多数时候都没有什么效果，不过偶尔会有几个原子核的运动方向正合适，使大原子核能捕获小原子核，两者融合成为一个更大的原子核——全新的元素(C)。

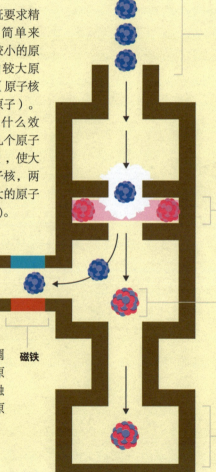

元素A

元素A的粒子束通过电场加速，由磁场引导着朝靶标运动。

元素B

靶标是一张很薄的箔片，由元素B组成。大多数元素A都会穿透它。

元素C

在非常偶然的情况下，元素A会与元素B融合，形成一个更大的原子核。

磁场经过精心调节，能拉走较轻的原子核、不让它们接触探测器，同时让重原子核继续前进。

磁铁

探测器

对新元素进行快速分析，因为它可能是一种非常不稳定的同位素。

从核弹中诞生

　　第一批合成元素中有许多是核武器试验中剧烈爆炸的副产物，比如镅。

成分表

　　下表列出了哪些较轻的元素能相互撞击生成更大的超重合成元素。科学家们经常用合成的原子核来制造更重的原子核。

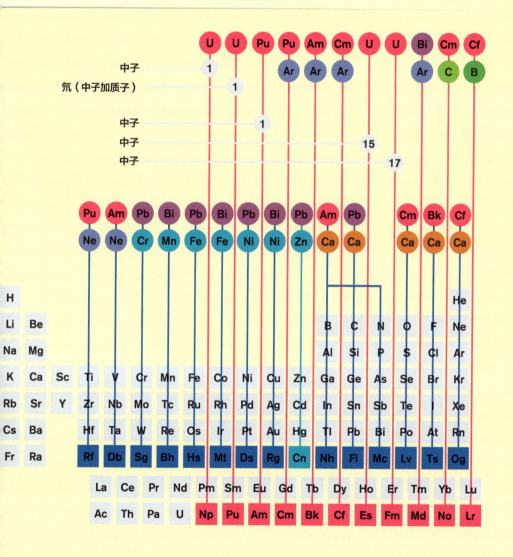

有机化学

3

到现在为止，在化学家们研究过的1000万种化合物中，大约90%都含有碳。一个碳原子可以同时形成4个键，所以它的化合物种类非常多。与碳有关的化学称为有机化学，因为碳的很多化合物是由生物制造的，或者来自生物。

碳氢化合物

有机化合物中最简单的一类是碳氢化合物，它们含有氢。很多这类化合物是燃料。

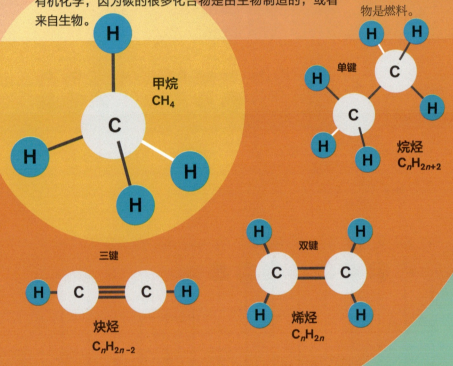

甲烷
CH_4

单键

烷烃
C_nH_{2n+2}

三键

炔烃
C_nH_{2n-2}

双键

烯烃
C_nH_{2n}

命名习惯

有机化合物的命名遵循一套规则。烷(-ane)、烯(-ene)、炔(-yne)等后缀表示化合物类型，前缀表示有多少个碳原子连在一起。

1	甲(Meth)	甲烷(Methane)	CH_4
2	乙(Eth)	乙烷(Ethane)	C_2H_6
3	丙(Prop)	丙烷(Propane)	C_3H_8
4	丁(But)	丁烷(Butane)	C_4H_{10}
5	戊(Pent)	戊烷(Pentane)	C_5H_{12}
6	己(Hex)	己烷(Hexane)	C_6H_{14}
7	庚(Hept)	庚烷(Heptane)	C_7H_{16}
8	辛(Oct)	辛烷(Octane)	C_8H_{18}
9	壬(Non)	壬烷(Nonane)	C_9H_{20}
10	癸(Dec)	癸烷(Decane)	$C_{10}H_{22}$

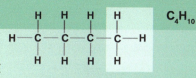

C_4H_{10}

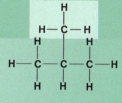

同分异构体

有机化合物可以把数量相同的原子按不同的方式排列，形成一组称为同分异构体的化合物。

顺反异构体

在同分异构现象里，分子各个片段的朝向也很重要。反式异构体里的两个片段位于分子两侧，顺式异构体里在同一侧。

C_4H_8

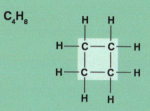

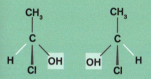

手性

同分异构体可能有手性。这两种同分异构体互为镜像。

常见物质

最常见的化学物质中许多都是有机物。

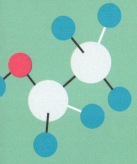

醇类（如乙醇）分子拥有一个氢氧基团。

醛类物质（如甲醛）用作防腐剂。

酮类物质用作溶剂。

硫醇含有硫元素，发出刺激性气味。

胺含有氮元素，气味有点"肉乎乎"的。

pH

3

酸和碱的强度用pH衡量，范围是0～14。pH为7的物质是中性的（既不是酸性也不是碱性），酸的pH小于7，碱的pH大于7。pH采用对数表示，数值增加1表示强度增加9倍。

什么是酸

pH代表"氢离子浓度"。酸是向化学反应提供氢离子(H^+)的化学物质。酸性越强，能提供的离子就越多，反应越剧烈。

汽车蓄电池

胃液

酸雨

咖啡

血液

柠檬汁

尿液

10000000	1000000	100000	10000	1000	100	10	1
pH=0	pH=1	pH=2	pH=3	pH=4	pH=5	pH=6	pH=7
						酸性	中性

溶液中氢离子浓度与纯水的比值

什么是碱

　　碱与酸相反，它们向化学反应提供氢氧根离子(OH⁻)，后者与氢离子反应生成水。所以，酸与碱发生反应时，总有一种产物是水。

指示剂

　　本页图中用颜色代表相应化学物质溶液的pH，这些颜色是根据通用指示剂确定的。

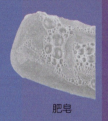

肥皂

助消化药物

漂白剂

氨

管道疏通剂

小苏打

1/10	1/100	1/1000	1/10000	1/100000	1/1000000	1/10000000
pH=8	pH=9	pH=10	pH=11	pH=12	pH=13	pH=14

碱性

溶液中氢离子浓度与纯水的比值

宝石的化学成分

宝石是珍贵的晶体，它们有一些共同的特性。它们都很坚硬，不容易被敲击和刮擦损坏；它们都能透光，如果用恰当的方式切割，就会闪闪发亮，好像里面有火花。但是，宝石真正独特的地方在于它们的颜色。

反光

一块宝石呈现某种颜色，是因为它只反射这种颜色的光，其他的光都被晶格吸收了。

蓝宝石

成分：氧化铝

杂质：钛

钻石

纯碳

绿松石

成分：氢氧化铝

杂质：铜

翡翠

成分：硅酸铝钠

杂质：铬和铁

橄榄石

成分：硅酸镁

杂质：铁

石榴石

成分：硅酸铝镁

杂质：铁

紫晶

成分：二氧化硅

杂质：铁

黄晶

成分：二氧化硅

杂质：铝

晶格结构

宝石的晶格结构把所有的原子锁在一张坚固的网里，网由连续重复的网格组成。这就是宝石非常坚硬的原因。

至关重要的杂质

如下图所示，不同的宝石通常由相似（甚至完全相同）的化合物组成，许多这类化合物通常是无色的。宝石眩目的色彩来自其中包含的微量杂质。

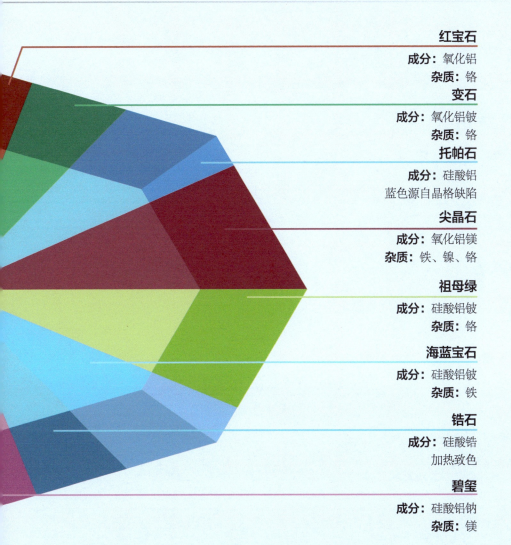

红宝石

成分： 氧化铝

杂质： 铬

变石

成分： 氧化铝铍

杂质： 铬

托帕石

成分： 硅酸铝

蓝色源自晶格缺陷

尖晶石

成分： 氧化铝镁

杂质： 铁、镍、铬

祖母绿

成分： 硅酸铝铍

杂质： 铬

海蓝宝石

成分： 硅酸铝铍

杂质： 铁

锆石

成分： 硅酸锆

加热致色

碧玺

成分： 硅酸铝钠

杂质： 镁

4

第4章　元素大观园

氢 HYDROGEN

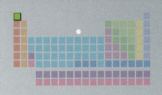

氢是元素周期表里的第一种元素，它的原子是所有元素中最简单的，原子核仅由一个质子组成，把一个电子束缚在周围的轨道上。氢属于周期表里的第1族，但与该族的其他成员不同的是，氢不是金属，而是一种超轻的气体。含有氢离子的化合物通常称为酸。

可见宇宙

元素组成了我们在宇宙中观察到的可见物质——恒星、行星和星系。这些物质中有3/4是氢，约92种其他原初元素共同组成剩下的1/4。

25%

至关重要

氢是宇宙中含量最高的元素，因为它是宇宙中诞生的第一种元素。尽管如此，宇宙在大爆炸之后还是花了38万年时间才冷却到足以产生氢原子。

越来越暗

20世纪30年代，天文学家们发现了暗物质，它们不可见，也不由元素组成。20世纪90年代末期，他们又发现了暗能量，这是一种神秘的反引力效应，会把空间撑开。暗物质和暗能量共同组成了宇宙的

75%

96%

虽然氢的含量非常高，但也只占整个宇宙的3%，其他元素加起来占1%。

原子量：1.00794
颜色：n/a
物态：气体
熔点：-259℃
沸点：-253℃
晶体结构：n/a

类型：非金属
原子序数：1

4%

聚变的威力

与大多数恒星一样，太阳也是一个由等离子氢组成的球，在自身引力作用下坍缩。太阳中心的压力极为强大，能使氢原子发生聚变。起初的两个氢原子形成一个氘（^2H）原子，它是氢的同位素，原子核包含一个质子和一个中子。接下来一个氢原子与一个氘原子结合，形成氚（^3H），它也是氢的同位素，原子核里有两个中子。最终，两个氚原子聚合形成氦（^4He），它是第二轻的元素。

核聚变释放出光和热，点亮恒星。在这个过程中，原子4%的质量转化为纯能量。太阳正在通过聚变逐渐蚕食自身。

^1H ^1H v ^2H ^1H γ ^3He ^1H ^4He

氦 HELIUM

He	2

原子量：4.002602
颜色：n/a
物态：气体
熔点：−272℃
沸点：−269℃
晶体结构：n/a

类型：稀有气体
原子序数：2

氦是稀有气体族的第一种元素。这一族的元素也叫作贵族气体，因为它们在化学上是惰性的，不与"平民"元素结合。氦是人们发现的第一种稀有气体，它的发现地点非同寻常——太阳的光芒。在1868年的一次日食中，天文学家们研究了日冕，它是太阳周围的一圈发光气体。结果发现，其中有一种彩色光谱与任何已知的元素都对不上号。这显示太阳含有一种新元素，人们将它命名为氦，意思是"太阳金属"。1895年，化学家在地球上发现了氦，它从放射性岩石和火山中逃逸出来，是一种很轻的气体。

噪音尖细

氦有许多重要用途，不过让噪音变尖细可不是其中的一种。氦的密度比空气低，经过声带时振动比较快，使人说话时变得尖声细气。

氦的发射光谱

空气

氦

锂 LITHIUM

原子量：6.941
颜色：银白色
物态：固体
熔点：181℃
沸点：1342℃
晶体结构：体心立方

类型：碱金属
原子序数：3

3
Li

锂是元素周期表里的第一种金属。人们拿它当药物来治疗一些情绪失调疾病，比如双相障碍。在热核武器（即氢弹）里，它是引发爆炸的"导火线"。不过到目前为止，锂最大的用途还是制造小巧高能的充电电池，它给我们使用的手机提供能量，还可以用来驱动电动汽车。

澳大利亚 13 000 吨

开采锂盐

岩石里含有锂矿石，但锂矿主要来自盐湖，特别是南美洲安第斯山脉的盐湖。这张图没有显示出来的一个事实是，玻利维亚拥有全世界一半的锂矿藏，很快就会成为世界第一大锂生产国。

智利
12900 吨

中国
5000 吨

津巴布韦
1000 吨

阿根廷
2900 吨

葡萄牙
570 吨

巴西
400 吨

铍 BERYLLIUM

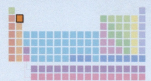

Be ⁴	

原子量：9.012182
颜色：银白色
物态：固体
熔点：1287℃
沸点：2469℃
晶体结构：六方晶系

类型：碱土金属
原子序数：4

铍是一种不活泼的金属，它的热稳定性非常好，受热时既不会膨胀也不会弯曲。

詹姆斯－韦伯空间望远镜

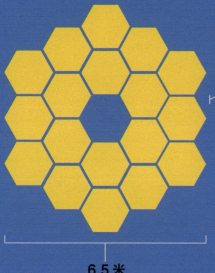

6.5 米

1300 万光年

吸热的镜片

迄今为止，人类向太空发射的最大望远镜——詹姆斯－韦伯空间望远镜的镜片是用铍制造的，因为这台望远镜的设计目的是捕捉宇宙中的热射线，而不是光线。

哈勃空间望远镜

2.4 米

1200 万光年

拉长的光线

来自最古老、最遥远恒星的光线在宇宙中传播的距离太远了，被"拉长"成为眼睛看不见的热射线。哈勃空间望远镜只能捕捉光线，詹姆斯－韦伯空间望远镜能捕捉热射线，所以能看到的距离比哈勃空间望远镜要远100万光年。

硼 BORON

加力燃烧室点火

原子量：10.8111
颜色：多种
物态：固体
熔点：2076℃
沸点：3927℃
晶体结构：菱方晶系（硼化物）

类型：类金属
原子序数：5

5
B

耐热玻璃

硼是一种坚硬的黑色固体，具有暗哑光泽，用途非常广泛。

核反应堆的控制棒
控制棒里的硼能吸收核裂变产生的中子。把控制棒插进反应堆，可以降低链式反应的速度。

电视石
钠硼解石是一种含硼矿物，有着独特的光学性质，从它下方发出的光能传到上方，产生清晰的图像。

弹性橡皮泥

防弹衣

碳 CARBON

C	6

原子量：12.0107
颜色：无色（钻石）和黑色（石墨）
物态：固体
熔点：n/a（在熔化之前就升华为气体）
升华点：3642℃

晶体结构：六方晶系（石墨）和面心立方（钻石）
类型：非金属
原子序数：6

碳是生物体内所有化学物质的基础，它通过碳循环在生物圈里流动。

气体流动

植物通过光合作用以二氧化碳(CO_2)为原料生产糖。二氧化碳通过呼吸作用返回大气，植物和植食动物利用呼吸作用分解糖分，释放能量。

化石中的碳

大多数死去的生物都被细菌分解掉，这个过程会释放出二氧化碳；还有一些埋在岩石里，其中富含碳的物质变成煤、石油和天然气。

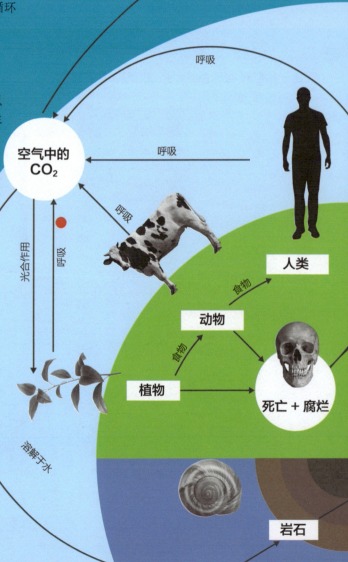

呼吸
呼吸
空气中的 CO_2
呼吸
光合作用
呼吸
溶解于水
人类
动物
食物
食物
植物
死亡 + 腐烂
岩石
贝壳

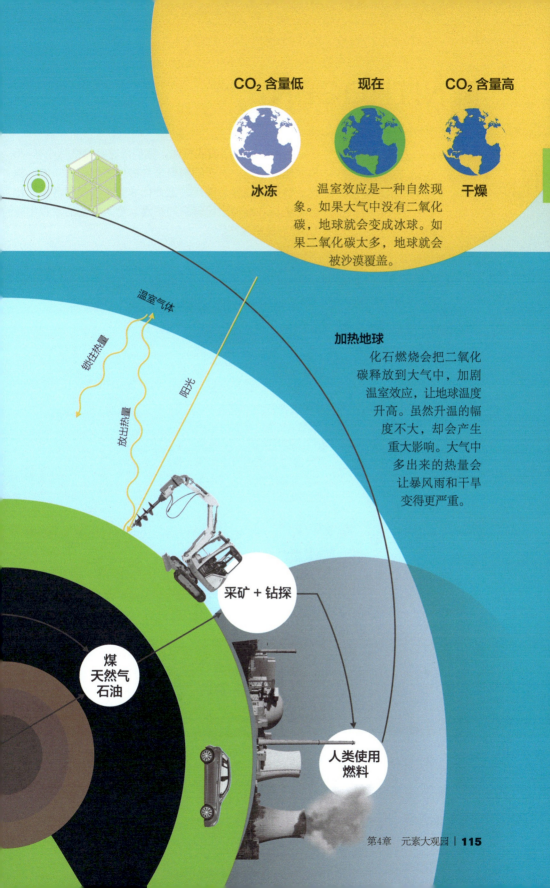

CO₂ 含量低　　　现在　　　CO₂ 含量高

冰冻　　温室效应是一种自然现　　干燥
象。如果大气中没有二氧化
碳，地球就会变成冰球。如
果二氧化碳太多，地球就会
被沙漠覆盖。

温室气体

锁住热量

放出热量

阳光

加热地球

化石燃烧会把二氧化
碳释放到大气中，加剧
温室效应，让地球温度
升高。虽然升温的幅
度不大，却会产生
重大影响。大气中
多出来的热量会
让暴风雨和干旱
变得更严重。

采矿 + 钻探

煤
天然气
石油

人类使用
燃料

氮 NITROGEN

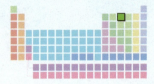

N 7

氮是一种不活泼的气体，我们所呼吸的空气中有4/5是氮气。不过，对于细胞里辛勤劳作的蛋白质来说，氮是一种关键成分。现代的工业化农业必须使用含氮的化合物肥料才能种出足够多的粮食。全人类吃的食物中有1/3要靠氮肥生产。

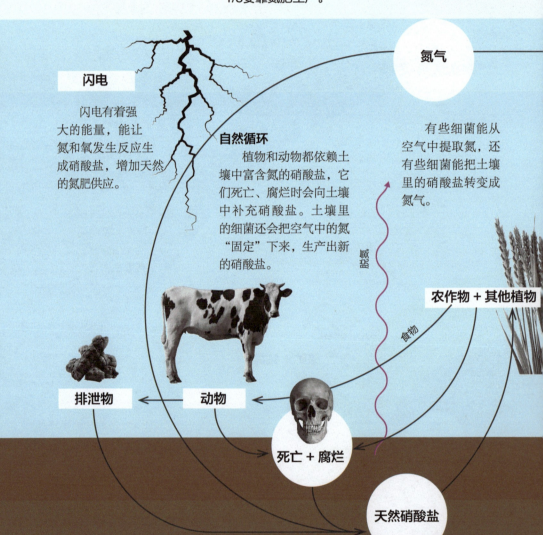

氮气

闪电

闪电有着强大的能量，能让氮和氧发生反应生成硝酸盐，增加天然的氮肥供应。

有些细菌能从空气中提取氮，还有些细菌能把土壤里的硝酸盐转变成氮气。

自然循环

植物和动物都依赖土壤中富含氮的硝酸盐，它们死亡、腐烂时会向土壤中补充硝酸盐。土壤里的细菌还会把空气中的氮"固定"下来，生产出新的硝酸盐。

硝氮

食物

农作物 + 其他植物

排泄物

动物

死亡 + 腐烂

天然硝酸盐

原子量：14.00672
颜色：无色
物态：气体
熔点：-210℃
沸点：-196℃
晶体结构：n/a

类型：非金属
原子序数：7

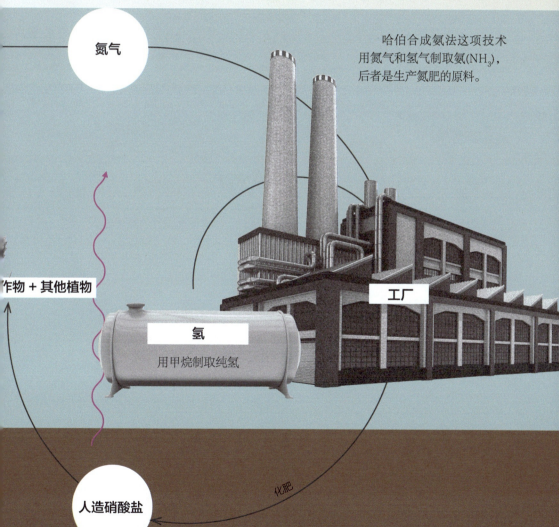

氮气

哈伯合成氨法这项技术
用氮气和氢气制取氨(NH_3)，
后者是生产氮肥的原料。

作物＋其他植物

工厂

氢
用甲烷制取纯氢

人造硝酸盐

化肥

氧 OXYGEN

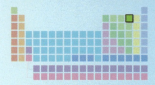

O 8

氧是一种活泼的气体，它的电负性很高，意思是对电子的吸引力非常强，能在化学反应中把电子吸到自己的外电子层中，形成化学键。元素周期表里还有几种元素也很活泼，但氧与众不同。尽管它很容易形成化合物，但自然界里仍存在着纯氧。

水那么重

地球表面的70%被水覆盖。水由氢和氧组成，虽然其中的氢原子数量是氧原子的两倍，但氧原子比较重，占到海洋总质量的88%。

含量丰富

氧是地壳里含量最丰富的元素，占地球岩石质量的49%，二氧化硅（砂子）、黏土和石灰岩里都含有氧。

空气稀薄

珠峰朗玛峰顶端的气压是海平面标准大气压的1/3。由于气压太低，氧气不能流畅地从空气进入血液。仅仅把呼吸加快3倍是不够的，所以峰顶周边区域称为死亡地带，所有高度超过8000米的山都是这样。处在死亡地带会让身体机能逐渐衰竭，最终失去意识，导致死亡。

有毒气体

空气中的纯氧都是地球上的植物和其他会光合作用的生物产生的。地球大气刚刚出现时，岩石不会释放出纯氧。在地球历史的头20亿年时间里，包裹地球的气体主要是氮和二氧化碳。最早的生命不需要氧，它们从硫等其他化学物质中汲取能量。光合作用是在23亿年前进化出来的，导致氧气大量产生。氧对早期生命来说有毒性，所以在一个称为"大氧化事件"的时期里，光合作用使地球上的大多数生物灭绝了。讽刺的是，如今光合作用是所有食物链的基础，没有光合作用就不可能有我们知道的动物生命。

原子量： 15.9994
颜色： 无色
物态： 气体
熔点： −219℃
沸点： −183℃
晶体结构： n/a

类型： 非金属
原子序数： 8

磁性液体

氧是顺磁性的，会被磁场吸引。气态氧与磁场的相互作用太微弱了，其效果可以忽略不计。但氧被冷却到液态时，它与磁场的作用力会变强，磁铁能让液氧流发生弯曲。

怪兽

氧气占大气的21%，但很久以前曾有过氧含量更高的时候。比如在大约3亿年前的泥炭纪，第一批树木进化出来，使氧气产量增加，空气中的含氧量上升到35%。那些直接通过身体表面吸收氧气的脊椎动物因此变得非常大，例如巨脉蜻蜓（马陆的亲戚）有2.3米长。

新空气

瑞典人卡尔·舍勒于1772年首次提取出纯氧。他没有公开发表自己发现的这种"火焰空气"，所以人们主要将发现氧的荣誉归于英国人约瑟夫·普莱斯特利，后者于1774年制取出纯氧。当时的一种燃烧理论认为，物质燃烧时会释放一种叫燃素的神秘物质。氧气能非常有效地助燃。普莱斯特利认为它不含燃素，或者说被"脱燃素"了，因此将它命名为"脱燃素空气"。

化学发展很快，后来人们抛弃了燃素理论，安托万·拉瓦锡将这种气体重新命名为氧气。

氟 FLUORINE

F⁹

原子量：18.9984032
颜色：浅黄色
物态：气体
熔点：−220℃
沸点：−188℃
晶体结构：n/a

类型：卤素
原子量：9

氟是最活泼的非金属元素。纯净的氟气喷流可以烧穿大多数材料，包括砖块和铁块。早期人们尝试制取纯氟时，总是以氟气毁掉实验装置告终。在许多化学家长达74年的努力的基础上，亨利·莫瓦桑终于在1884年取得成功，他把实验装置冷却到非常低的温度，让反应慢下来。

危险

对纯氟必须小心管理，以免发生危险的化学反应。它以超冷液体（低于零下200℃）的形式存放在镍或铜容器里，这两种金属不会与氟发生剧烈反应。

氟是CFC（氯氟烃）里的那个"F"。氯氟烃气体原先用于喷雾罐，但它们会损害大气，因此被禁用了。

牙膏里含有氟化物。氟离子能取代牙釉质里的钙离子，形成更坚固的结构，耐受食物里的酸性物质侵袭。

含氟的液体可用于向肺部输送氧气，这样人就能呼吸液体了。

特氟龙是一种光滑的塑料，用作不粘锅的涂层，里面含有氟。

原子量：20.1797
颜色：无色
物态：气体
熔点：−249℃
沸点：−246℃
晶体结构：n/a

类型：稀有气体
原子序数：10

10
Ne

　　氖是宇宙中含量排第五位的元素，但在地球上很稀少。氖在大气中的含量不到百万分之二十。不过，这种稀有气体有一种家喻户晓的用途——霓虹灯。

废气

　　氖是蒸馏空气制取纯氧和纯氮时的一种废弃产物。在制取过程中，空气被冷却到零下250℃左右，变成液体。对液体加温让其中的各种气体沸腾蒸发后，收集到的第一批气体是微量的氖和其他稀有气体。

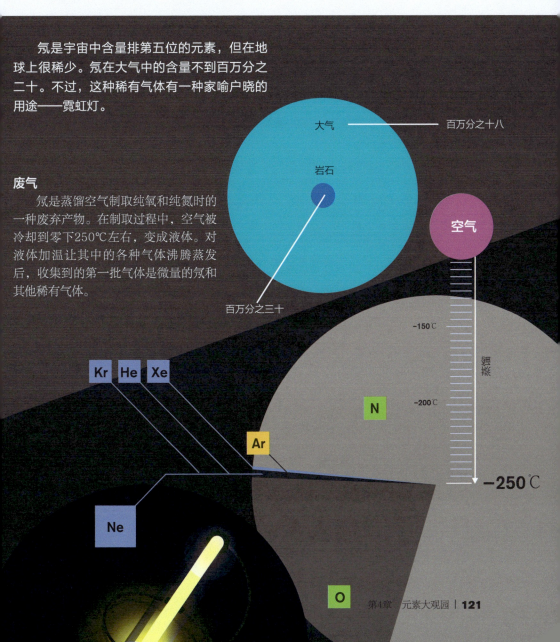

大气 ———— 百万分之十八

岩石

百万分之三十

空气

Kr　He　Xe

Ar

Ne

N

O

−150℃

−200℃

−250℃

蒸馏

钠 SODIUM

| **Na** | 11 |

原子量：22.989770
颜色：银白色
物态：固体
熔点：98℃
沸点：883℃
晶体结构：体心立方

类型：碱金属
原子序数：11

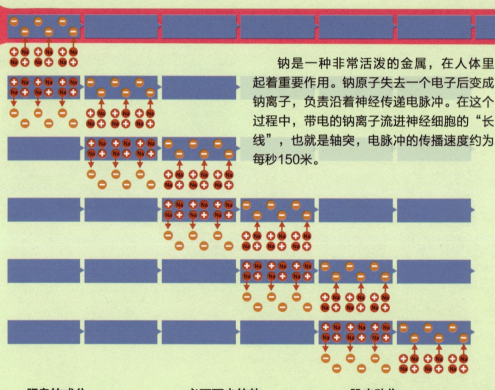

钠是一种非常活泼的金属，在人体里起着重要作用。钠原子失去一个电子后变成钠离子，负责沿着神经传递电脉冲。在这个过程中，带电的钠离子流进神经细胞的"长线"，也就是轴突，电脉冲的传播速度约为每秒150米。

肥皂的成分

钠是肥皂的成分之一，含钠的硬脂酸盐就是肥皂里滑腻的白色固体，能让污垢与水混合。

必不可少的盐

氯化钠是食物里钠的主要来源，它更广为人知的名字是食盐。如果没有摄入足够的食盐，肌肉就会发生痉挛。

肌肉动作

钠产生的动作电位还能使肌肉收缩，其原理是让较长的蛋白质相互拉扯。

镁 MAGNESIUM

原子量：24.3050
颜色：银白色
物态：固体
熔点：650℃
沸点：1090℃
晶体结构：六方晶系

类型：碱土金属
原子序数：12

12
Mg

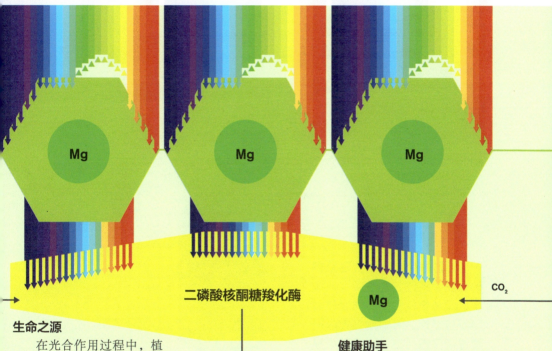

二磷酸核酮糖羧化酶

CO_2

糖 + 氧

生命之源

在光合作用过程中，植物利用阳光的能量产生糖，镁在其中起着关键作用。这种金属元素位于叶绿体中，植物用叶绿体来收集阳光的能量。叶绿体吸收红光和蓝光，反射绿光，所以叶子看上去是绿色的。叶绿体捕获的能量传递给二磷酸核酮糖羧化酶，它也是一种含镁的化合物，能利用这些能量把水与二氧化碳结合起来生成葡萄糖。地球上所有的生命都以葡萄糖为动力来源。光合作用唯一的副产物是氧。

健康助手

镁乳含有氧化镁粉末，能帮助消化。让皮肤干爽的滑石粉的成分是硅酸镁。

轻量金属

镁铝合金是一种含镁达90％的轻型合金，用于制造跑车、宇宙飞船和飞艇。

光芒眩目

烟花棒闪亮的白色光芒是镁粉燃烧产生的。

铝 ALUMINIUM

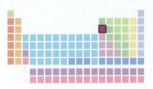

原子量：26.981
颜色：银灰色
物态：固体
熔点：660℃
沸点：2513℃
晶体结构：面心立方

类型：后过渡金属
原子序数：13

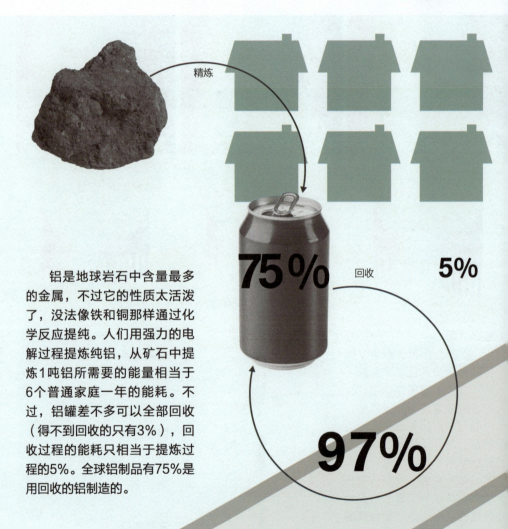

精炼

75%

回收

5%

97%

铝是地球岩石中含量最多的金属，不过它的性质太活泼了，没法像铁和铜那样通过化学反应提纯。人们用强力的电解过程提炼纯铝，从矿石中提炼1吨铝所需要的能量相当于6个普通家庭一年的能耗。不过，铝罐差不多可以全部回收（得不到回收的只有3%），回收过程的能耗只相当于提炼过程的5%。全球铝制品有75%是用回收的铝制造的。

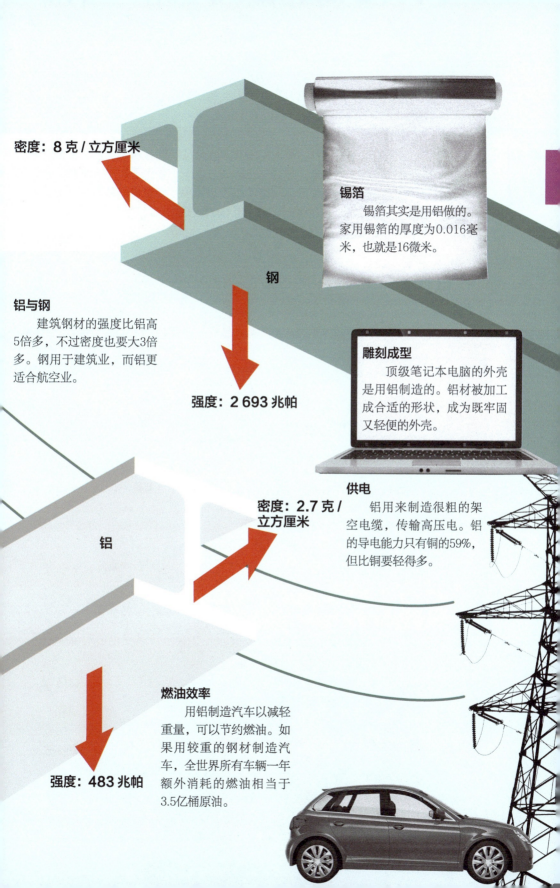

密度：8 克 / 立方厘米

钢

锡箔

　　锡箔其实是用铝做的。家用锡箔的厚度为0.016毫米，也就是16微米。

铝与钢

　　建筑钢材的强度比铝高5倍多，不过密度也要大3倍多。钢用于建筑业，而铝更适合航空业。

强度：2 693 兆帕

雕刻成型

　　顶级笔记本电脑的外壳是用铝制造的。铝材被加工成合适的形状，成为既牢固又轻便的外壳。

供电

　　铝用来制造很粗的架空电缆，传输高压电。铝的导电能力只有铜的59%，但比铜要轻得多。

密度：2.7 克 / 立方厘米

铝

燃油效率

　　用铝制造汽车以减轻重量，可以节约燃油。如果用较重的钢材制造汽车，全世界所有车辆一年额外消耗的燃油相当于3.5亿桶原油。

强度：483 兆帕

硅 SILICON

| Si | 14 |

几千年来硅对人类文明的影响无论怎么估量都不过分。它是黏土的成分之一，曾用于制造砖块和陶器。在生产混凝土所用的水泥里，硅也是一种有效成分。到了20世纪，硅的半导体性质带来了技术革命。

公元前5000年
泥砖

瓷器

1850年

公元前7500年

陶器
　　轮子最早是由制陶工人发明的，后来改变用途用在车辆上。

1700年

水泥
　　硅酸盐水泥是把石灰石和硅酸钙混合起来制成的。

岩石的成分
　　地壳中90%的岩石都含有硅的化合物。硅占岩石总质量的1/4多一点，它很容易采集，提纯成本也很低。

90%

Si

27%
按质量计

原子量：28.0855
颜色：金属质感，带蓝色调
物态：固体
熔点：1414℃
沸点：3265℃
晶体结构：金刚石立方

类型：类金属
原子序数：14

硅胶

　　硅胶是硅酸盐分子形成的聚合物，用作密封剂、润滑剂和隔热胶。

硅芯片

　　纯净的硅片用于制造晶体管电路。晶体管是微小的电子开关，是计算机处理器的基础器件。

1940年

2000年

微观力学

　　人们用单晶硅制造出了尺寸只有百万分之几米的微小器件，这些器件小到可以放进人体。

1901年

1958年

太阳能电池板

　　航天器在轨道上长期停留时，由硅太阳能电池板供电。

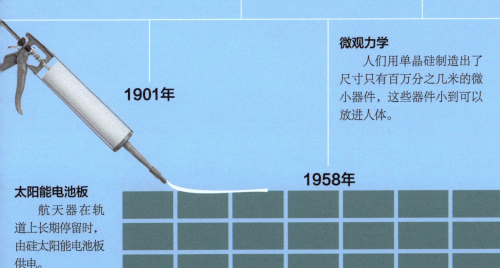

磷 PHOSPHORUS

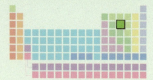

原子量：30.973762	**晶体结构**：白磷为立方晶系或三斜晶系，紫磷为单斜晶系，黑磷为正交晶系，红磷为无定形态
颜色：白、黑、红、紫	
物态：固体	
熔点：白磷44℃；黑磷610℃	**类型**：非金属
升华点：红磷416~590℃；紫磷620℃	**原子序数**：15
沸点：白磷281℃	

这种性质活泼的固体元素是其发现者姓名得以流传后世的第一种元素。1669年，德国炼金师亨尼格·布兰德提取出了纯磷，这是一种发光的白色固体。身为炼金师，布兰德试图用一种极其廉价的物质——尿液来制取黄金。

制取磷

布兰德按照一种非常费力的方法来用尿液炼金，结果制取出来的是磷，不过他相信这是一种神奇物质。

6825 升

坚固的内在

活细胞周围会形成磷酸钙，能让骨骼和牙齿强固。由于细胞的更新换代，尿液里含有少量磷的化合物。布兰德相信，尿液之所以是黄色的，是因为里面含有黄金，于是他从一支驻扎在附近的军队那里收集了6825升尿液。

把尿液在阳光下放置几个星期，直到发出腐臭气味。

加热尿液至沸腾，直到表面出现红色的油状物质。

将油放置冷却，直到分别析出黑色和白色的固体物质。

加热油和黑色固体。

16 小时

得到一种像泥浆的闪光物质，布兰德用希腊神话里启明星（Phosphorus）的名字将其命名为磷。

受到光照会发光的物质叫磷光体，但它们并不含磷。磷是通过与空气发生化学反应而发光的。

硫 SULPHUR

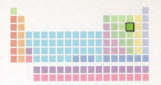

原子量：32.066
颜色：明黄色
物态：固体
熔点：115℃
沸点：445℃
晶体结构：正交晶系

类型：非金属
原子序数：16

16
S

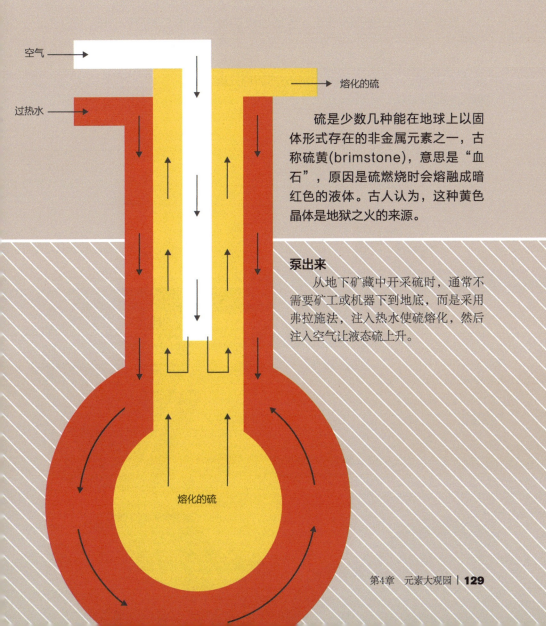

空气 →

过热水 →

→ 熔化的硫

熔化的硫

　　硫是少数几种能在地球上以固体形式存在的非金属元素之一，古称硫黄(brimstone)，意思是"血石"，原因是硫燃烧时会熔融成暗红色的液体。古人认为，这种黄色晶体是地狱之火的来源。

泵出来

　　从地下矿藏中开采硫时，通常不需要矿工或机器下到地底，而是采用弗拉施法，注入热水使硫熔化，然后注入空气让液态硫上升。

氯 CHLORINE

Cl 17

原子量：35.453
颜色：黄绿色
物态：气体
熔点：−102℃
沸点：−34℃
晶体结构：n/a

类型：卤素
原子序数：17

　　氯是一种颜色发绿的气体，性质非常活泼，腐蚀性很强。它差不多能与任何物质发生反应，杀死任何生物，所以是杀菌清洁用品的关键成分。纯氯通过电解氯化钠（即食盐）来制取，用强力电流把两种元素分开，得到纯氯和纯钠。

筛网

水泵

粗滤网

沉淀池

进水

氯丙酮，俗称催泪毒气

化学武器
　　1914年到1918年的第一次世界大战首次使用了化学武器，其中含有氯。

纯氯，吸进肺里会形成强酸

芥子气，接触皮肤会导致灼伤

水净化
　　水处理的最后一步是加氯。世界卫生组织估计，全球预期寿命得以从1900年的45岁提高到2012年的77岁，对水加氯消毒起到了关键作用。

光气，与肺部蛋白质发生反应，使肺里充满液体

一氯甲烷
用在冰箱和工业中的化学物质。

二氯甲烷
除漆剂。

三氯甲烷
氯仿麻醉剂。

甲烷的氯化物
把氯原子加到甲烷(CH_4)中，能得到一组用途广泛的物质。

四氯甲烷
曾经用作灭火剂和干洗剂（因有毒已停用）。

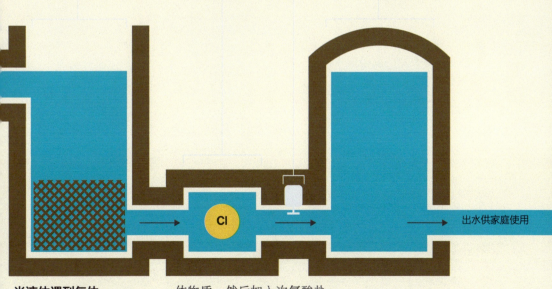

细滤网　　　　加氯　　水泵　　　储水池

Cl

出水供家庭使用

当液体遇到气体
　加氯消毒是水处理的最后一步。先用一系列过滤设备和沉淀池除掉水里的固体物质，然后加入次氯酸盐。这种物质可以缓慢释放微量氯气，杀死水中的细菌，也让干净的自来水有一种特殊气味。

氩 ARGON

Ar	18

原子量：39.948
颜色：无色
物态：气体
熔点：−189℃
沸点：−186℃
晶体结构：n/a

类型：稀有气体
原子序数：18

氩在空气中的含量略低于1%。18和19世纪研究空气的化学家们一直很困惑：空气中有一种含量很少的气体跟什么东西都不发生反应。1894年，人们发现这是一种稀有气体，把它命名为氩，意思是"没有活性的"。氩的惰性使它有几种用途，比如填充双层玻璃窗里的空隙，减少热量流失。存放古籍等文物的展柜里充满氩气，可以防止潮湿空气、霉菌和细菌损坏纸张。

气体屏障
　　焊枪喷出氩气流把炽热的火焰裹住，防止它与空气接触，同时避免氧气与待焊接的物体发生反应。

热制导导弹
　　里面的热敏设备用液氩保持低温。

扑杀家禽
　　用氩气使感染疾病的鸡群窒息，进行快速大规模扑杀。

灭火器
　　重要的数据中心用氩灭火，其他灭火剂会损坏娇贵的计算机设备。

钾 POTASSIUM

原子量：39.0983
颜色：银灰色
物态：固体
熔点：63℃
沸点：759℃
晶体结构：体心立方

类型：碱金属
原子序数：19

19
K

钾是一种活泼的金属，许多岩石里都含有钾。与它在元素周期表里的邻居钠一样，钾离子在人体中的含量也很少，但对健康至关重要。事实上，钾通常与钠协同工作。人体里的钾会不断流失，必须得到补充以维持健康。

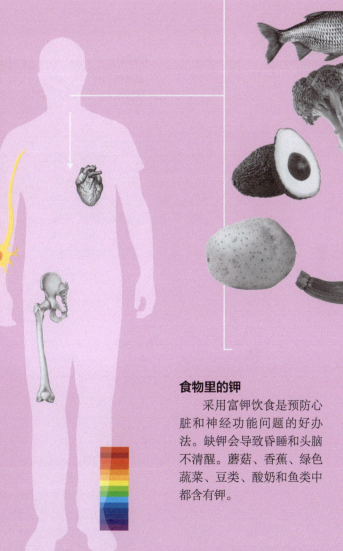

人体系统

钾离子能在神经和肌肉里产生电脉冲，这对控制心脏泵血强度、保持合适的血压很重要。钾还参与钙沉积到骨骼中的过程，防止钙从身体里流失。血液里的钾离子帮助控制pH，使代谢物能正确地进出细胞。

食物里的钾

采用富钾饮食是预防心脏和神经功能问题的好办法。缺钾会导致昏睡和头脑不清醒。蘑菇、香蕉、绿色蔬菜、豆类、酸奶和鱼类中都含有钾。

钙 CALCIUM

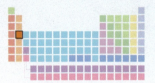

原子量：40.078
颜色：银灰色
物态：固体
熔点：842℃
沸点：1484℃
晶体结构：面心立方

类型：碱土金属
原子序数：20

钟乳石

H_2O

碳酸化

CO_2

CaCO₃
石灰石
（碳酸钙）

燃烧

CO_2

石灰循环
　　石灰石是一种天然碳酸钙，它是化学工业的重要原料。石灰循环是生产水泥、砂浆和混凝土的过程，涉及一系列化学变化。砂浆在建筑业中用于浇筑混凝土，经过"养护"变回坚固、耐久的固体碳酸钙。

砂浆

CaO
生石灰
（氧化钙）

混合

沙子和水

Ca(OH)₂
熟石灰
（氢氧化钙）

熟化

H_2O

沉积
　　钟乳石、石笋和其他洞穴堆积物，是水里溶解的钙的化合物从溶液中析出形成的固体沉积物。它们的生长非常缓慢，大约每1000年长10厘米。

石笋

钪 SCANDIUM

原子量：44.955912
颜色：银白色
物态：固体
熔点：1541℃
沸点：2836℃
晶体结构：六方晶系

类型：过渡金属
原子序数：21

第一张元素周期表于1869年诞生时，人们还不知道有钪这种元素。不过门捷列夫在表中为它留下了位置，确信会发现一种很轻的金属。10年后，拉斯·弗雷德里克·尼尔森提取出了微量的氧化钪，它是一种白色粉末。尼尔森证明其中含有一种新元素，但纯钪到1937年才被提炼出来。钪不会形成矿石，而是微量存在于许多其他金属的矿石里，所以每年只能开采出10吨钪。

高速喷气式飞机合金

俄罗斯的米格战斗机是用铝钪合金制造的。仅添加微量的钪，就使合金的强度大幅提升。

因地区得名

钪的发现者尼尔森是瑞典人，所以他用瑞典所在的斯堪的纳维亚地区(Scandinavia)来给新元素命名。不过钪的主要产地是俄罗斯的科拉半岛、乌克兰和中国。

激光枪

钪用来制造为太空战争研发的高能激光，这是一种新型空对空武器。

清理蛀牙

钪激光还用于清理牙齿上的蛀洞，把腐烂的部分烧掉，以便填补。

钛 TITANIUM

Ti 22	

原子量：47.867
颜色：银色
物态：固体
熔点：1668℃
沸点：3287℃
晶体结构：六方晶系

类型：过渡金属
原子序数：22

钛很轻，却像钢一样坚固，不会生锈和被腐蚀，这些特点使它为航空工业带来了革命。大型客机和高科技喷气式飞机都要依靠钛，在减轻重量的同时保持足够的强度，以承受高速飞行时的压力。

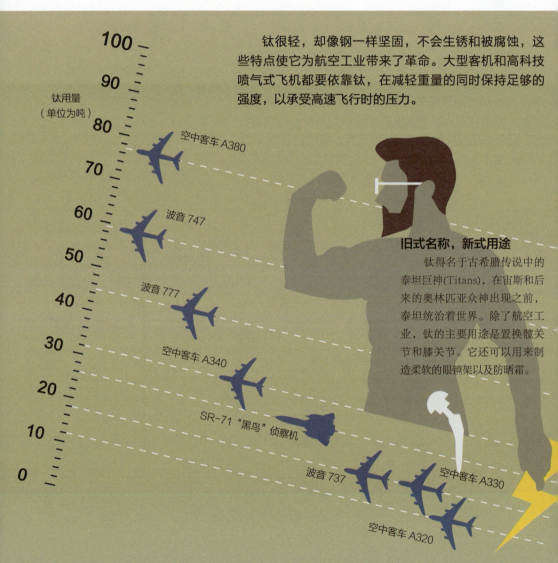

钛用量
（单位为吨）

100
90
80 — 空中客车 A380
70
60 — 波音 747
50
40 — 波音 777
30 — 空中客车 A340
20
10 — SR-71 "黑鸟" 侦察机
0
波音 737
空中客车 A320
空中客车 A330

旧式名称，新式用途

钛得名于古希腊传说中的泰坦巨神(Titans)，在宙斯和后来的奥林匹亚众神出现之前，泰坦统治着世界。除了航空工业，钛的主要用途是置换髋关节和膝关节。它还可以用来制造柔软的眼镜架以及防晒霜。

钒 VANADIUM

原子量：50.9415
颜色：银灰色
物态：固体
熔点：1910℃
沸点：3407℃
晶体结构：体心立方

类型：过渡金属
原子序数：23

23
V

只有俄罗斯、中国和南非3个国家出产钒。这种金属在现代化学工业中有一些非常重要但范围狭窄的用途，以前的情况也是这样，可能将来还是这样。

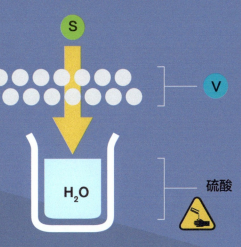

大马士革钢

1000年前欧洲人在与撒拉森人的战争中，发现自己沉重的阔剑远远比不上对方的弯刀。撒拉森人的刀剑和护甲用大马士革钢制造，里面含有少量的钒，使合金异常坚硬，从而能保持锋利。在后来的战争中，欧洲士兵也用上了类似的武器。

接触法制硫酸

硫酸生产在化学工业中非常重要，通过让硫、氧和水发生反应来进行。氧化钒催化剂能让反应更容易发生。

聚变反应堆

钒用于建造环形（甜甜圈形）核聚变反应堆，因为它在高温下也不会明显膨胀或弯曲。核聚变反应堆用太阳发光的原理产生核能，人们希望它在今后几十年里能成为切实可行的电力来源。

铬 CHROMIUM

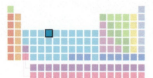

Cr 24

原子量：51.9961
颜色：银灰色
物态：固体
熔点：1907℃
沸点：2671℃
晶体结构：体心立方

类型：过渡金属
原子序数：24

铬是一种闪闪发亮的金属，把它镀在钢和其他金属表面，可以避免锈蚀让物品变得难看或造成损害。镀铬通过电解过程进行。

清洁
把需要镀铬的金属物体清洗、抛光、刷干净，做好准备。

电流
铬原子在电流作用下向物体运动，在物体表面形成只有几个原子那么厚的薄层。

来自溶液
将物体浸泡在铬的化合物溶液中，电流使物体带负电，吸引带正电的铬离子。电流使铬离子获得电子变成铬原子并附着在物体上，形成铬层。

清洗待用
电镀完毕，把物体冲洗干净就行了。铬层非常牢固，不会因刮擦而损坏。

锰 MANGANESE

原子量：54.938049
颜色：银灰色
物态：固体
熔点：1246℃
沸点：2061℃
晶体结构：体心立方

类型：过渡金属
原子序数：25

25
Mn

每年 14000000 吨

锰是交易量第四大的金属，主要用于生产硬钢。一般很少使用纯锰，而是使用它与铁或硅组成的合金，作为炼钢的原料。

铁锰合金 38%

30% 硅锰合金

其他合金 8%

炉渣 13%

9% 纯锰

2%

电池技术

有3种电池要用到氧化锰：标准碱性电池、一次性锂电池（手表用）和锂离子充电电池（手机和电动汽车用）。

铁 IRON

铁矿石、碳和石灰石

原子量：55.845
颜色：银灰色
物态：固体
熔点：1538℃
沸点：2861℃
晶体结构：体心立方

类型：过渡金属
原子序数：26

铁是通过冶炼生产出来的。在冶炼过程中，作为氧化物的铁矿石与碳发生反应。碳被氧化成为二氧化碳，矿石则被"还原"成纯铁。实际的冶炼反应包含几个步骤，在熔炉内不同的温度下发生。

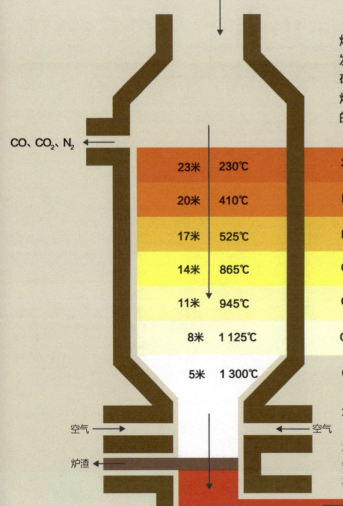

CO、CO₂、N₂

23米	230℃	$3Fe_2O_3 + CO \longrightarrow 2Fe_3O_4 + CO_2$
20米	410℃	$Fe_3O_4 + CO \longrightarrow 3FeO + CO_2$
17米	525℃	$FeO + CO \longrightarrow Fe + CO_2$
14米	865℃	$C + CO_2 \longrightarrow 2CO$
11米	945℃	$CaCO_3 \longrightarrow CaO + CO_2; C + CO_2 \longrightarrow 2C$
8米	1 125℃	$CaO + SiO_2 \longrightarrow CaSiO_3; C + CO_2 \longrightarrow 2C$
5米	1 300℃	$C + O_2 \longrightarrow CO_2$

空气

空气

炉渣

铁

生铁

冶炼出来的铁含有很多碳杂质，质地非常脆。完全纯净的铁柔软易弯曲，钢的强度要高得多，它是一种含有少量碳的铁合金，碳含量得到精确控制。

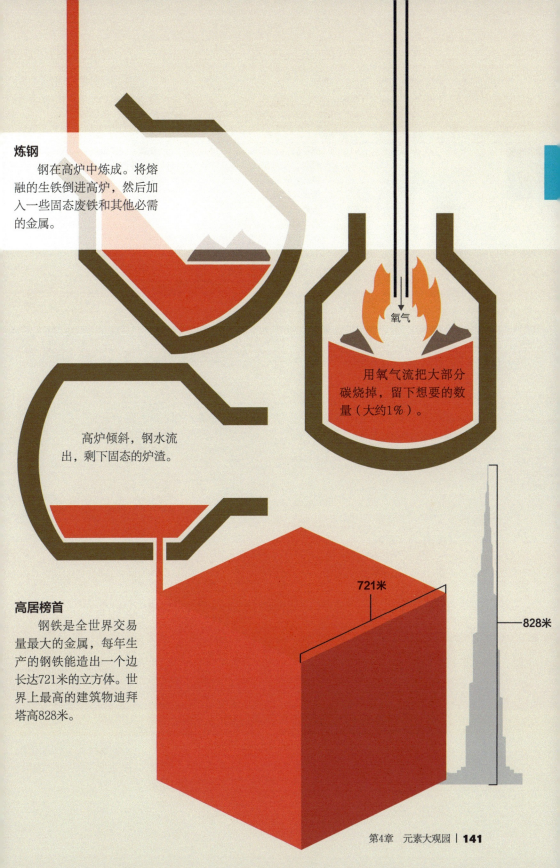

炼钢

　　钢在高炉中炼成。将熔融的生铁倒进高炉，然后加入一些固态废铁和其他必需的金属。

氧气

　　用氧气流把大部分碳烧掉，留下想要的数量（大约1%）。

　　高炉倾斜，钢水流出，剩下固态的炉渣。

高居榜首

　　钢铁是全世界交易量最大的金属，每年生产的钢铁能造出一个边长达721米的立方体。世界上最高的建筑物迪拜塔高828米。

721米

828米

钴 COBALT

27 **Co**	原子量：58.9332 颜色：金属灰 物态：固体 熔点：1495℃ 沸点：2927℃ 晶体结构：六方晶系

类型：过渡金属
原子序数：27

　　古代的矿工很害怕钴矿石，他们用邪恶的地精(Kobold)给它命名。这是因为钴矿外观很像含银的矿物，但里面的砷化钴在冶炼时会产生毒烟。不过钴还是有用的，有几种颜料含有钴，颜色都与钴的名字有关。

钴蓝
　　来源于铝酸钴，传统上用于制造中国瓷器。

蔚蓝
　　来源于锡酸钴，它是钴与锡和氧的一种化合物。19世纪的印象派画家们钟爱这种蓝色以及钴蓝。

钴紫
　　发明于1859年，是第一种稳定的紫色颜料。其成分是磷酸钴，发明者是19世纪的调色师路易·阿尔方斯·萨尔维塔。

钴黄
　　这种颜料含有钴亚硝酸钾，由于非常昂贵，用量很少。

镍 NICKEL

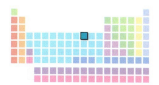

原子量：58.6934
颜色：银白色
物态：固体
熔点：1455℃
沸点：2912℃
晶体结构：面心立方

类型：过渡金属
原子序数：28

28
Ni

镍主要用于生产不锈钢和其他高技术合金，还可以作为银的廉价替代品用于电镀。电池和电子产品中也会用到镍，当然还有铸造硬币。

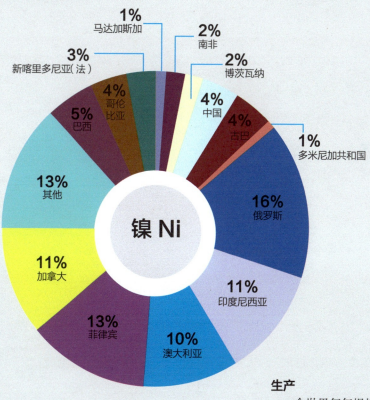

- **1%** 马达加斯加
- **2%** 南非
- **2%** 博茨瓦纳
- **3%** 新喀里多尼亚（法）
- **4%** 哥伦比亚
- **4%** 中国
- **4%** 古巴
- **5%** 巴西
- **1%** 多米尼加共和国
- **13%** 其他
- **16%** 俄罗斯
- **镍 Ni**
- **11%** 加拿大
- **11%** 印度尼西亚
- **13%** 菲律宾
- **10%** 澳大利亚

生产

全世界每年提炼1200万吨镍，约40%来自硫化镍矿石，其余的来自黏土矿石。

铜 COPPER

公元前 **8000**年	公元前 **5000** 年	公元前 **3000** 年
首饰珠子	提纳姆铜矿	青铜器时代

29
Cu

铜是人类历史上第一种大规模生产的金属。开采铜的历史可以追溯到7000年前，把天然纯铜加工成首饰的时间比这还要早。经过几千年的创新，随着电气技术在19世纪崛起，铜担负起全新的任务。

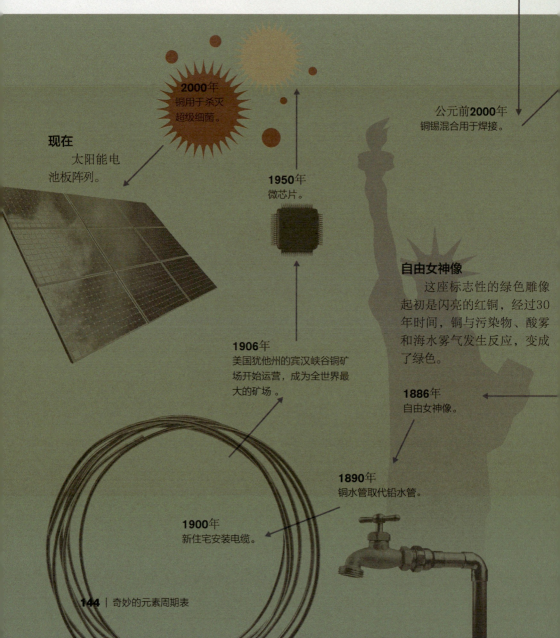

2000年
铜用于杀灭超级细菌。

现在
太阳能电池板阵列。

公元前**2000**年
铜锡混合用于焊接。

1950年
微芯片。

自由女神像
这座标志性的绿色雕像起初是闪亮的红铜，经过30年时间，铜与污染物、酸雾和海水雾气发生反应，变成了绿色。

1906年
美国犹他州的宾汉峡谷铜矿场开始运营，成为全世界最大的矿场。

1886年
自由女神像。

1890年
铜水管取代铅水管。

1900年
新住宅安装电缆。

公元前**1000**年
钱币

900年
法伦铜矿

原子量：63.546	类型：过渡金属
颜色：橙红色	原子序数：29
物态：固体	
熔点：1085℃	
沸点：2562℃	
晶体结构：面心立方	

铜山

　　中世纪欧洲所用的铜主要来自瑞典的法伦铜矿。这个铜矿从10世纪开始一直运作到1992年。

16世纪
船只以铜包底，以免长途航行中木材被船蛆破坏。

公元前**480**年
在萨拉米斯海战中，装有与铜撞角的希腊战船击沉了波斯舰队。

1839年
银版照相机在铜板上成像。

1730年
黄铜作坊把铜与锌混合，制造这种坚硬的金色合金。

19世纪
黄铜乐器。

1830年
用铜线缠绕铁芯的电磁铁能产生可控的磁场。

锌 ZINC

原子量：65.409	**类型**：过渡金属
颜色：带蓝色调的白色	**原子序数**：30
物态：固体	
熔点：420℃	
沸点：907℃	
晶体结构：六方晶系	

纯锌直到1746年才被发现，但人们利用锌矿物已有几千年历史，例如古代的水痘止痒配方——炉甘石液里就含有氧化锌。现在的洗发香波里添加了类似的含锌物质，用于去除头皮屑。

牺牲性保护

锌比铁等其他过渡金属更活泼，因此用于对钢材进行牺牲性保护。

镀锌钢材表面有锌镀层。受到刮擦后，如果钢暴露在空气中，就有可能生锈。但锌会先发生反应，生成化合物把划痕封住，使钢免于锈蚀。

锌

钢

防晒

氧化锌的反光性能很好，所以它呈亮白色。防晒霜和宇航服都用氧化锌来反射有害射线。

镓 GALLIUM

原子量：69.723
颜色：银蓝色
物态：固体
熔点：30℃
沸点：2204℃
晶体结构：正交晶系

类型：后过渡金属
原子序数：31

镓是第一种根据国家命名的元素。1875年，法国化学家保罗·埃米尔·勒科克用法国的拉丁语名称"高卢"(Gallia)给镓命名。不过，高卢这个词源自拉丁语的"雄鸡"，在法语里就是"勒科克"，所以评论家认为勒科克其实是用自己的 名字在命名。

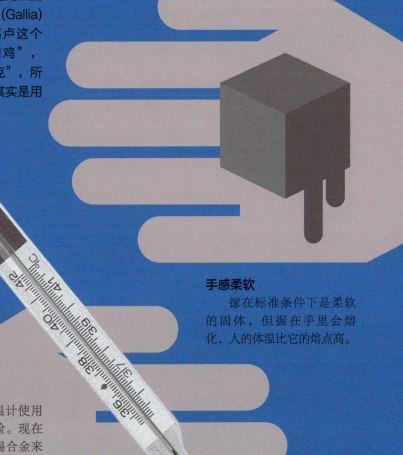

手感柔软

镓在标准条件下是柔软的固体，但握在手里会熔化，人的体温比它的熔点高。

安全的液体

第一种精确的体温计使用汞，存在汞泄漏的风险。现在的医用体温计用镓铟锡合金来准确测量体温，这种混合物在零下19℃以上是液体。

锗 GERMANIUM

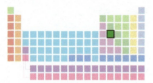

Ge 32

原子量：72.631
颜色：灰白色
物态：固体
熔点：938℃
沸点：2833℃
晶体结构：金刚石立方

类型：类金属
原子序数：32

在1869年那张最早的元素周期表里，第32号位置上还没有已知元素，但门捷列夫预言了该元素的存在，描述了它的性质，将其称为类硅。1886年人们发现了这种元素，将其命名为锗。它的性质与门捷列夫的预测非常接近，这使科学界认识到了元素周期表的威力。

	类硅	锗
原子量	72.64	72.63
密度（克/立方厘米）	5.5	5.35
熔点（℃）	高	938
颜色	灰色	灰色
氧化物类型	难熔的二氧化物	难熔的二氧化物
氧化物密度（克/立方厘米）	4.7	4.7
氧化物性质	弱碱性	弱碱性
氯化物沸点（℃）	低于100	86（$GeCl_4$）
氯化物密度（克/立方厘米）	1.9	1.9

视听效果

锗是一种半导体，因此在高技术方面应用广泛。把数据刻到可写DVD光盘上的激光就是用锗产生的；夜视眼镜用锗把红外线转化成可视图像；光缆里掺入氧化锗，有助于确保激光信号只在光缆内部反射。

砷 ARSENIC

原子量：74.92160
颜色：灰色
物态：固体
熔点：n/a
升华点：614℃
晶体结构：三方晶系

类型：类金属
原子序数：33

砷矿物通常有金属光泽或色彩鲜亮，令人印象深刻，因此传统上作为颜料使用，尤其是金色颜料。不过纯砷及其氧化物都有毒，用它们来缓慢而稳定地毒死人是一种历史颇为悠久的投毒方法。砷矿物闻起来像大蒜，或许至少能让最后一顿饭的味道好一点儿！

拿破仑

拿破仑·波拿巴于1821年去世后，从他的头发里检测出了大量的砷。他的死因到底是被人投毒还是豪华的绿色墙纸挥发出致人于死地的砷蒸气？

致命的糖果

1858年，英国布拉德福德的一个货摊售出的糖果受到砷污染，导致200人身体不适，21人死亡。

玛丽·安·科顿

从1852年到1873年，这名来自英格兰桑德兰的连环杀手用砷毒死了4任丈夫、13个子女和两位情人。

为死亡干杯

博尔吉亚家族于15和16世纪统治欧洲南部大部分地区，他们经常用含砷的毒酒干掉敌对者。

被害的帝王

1908年，中国的光绪皇帝死于胃痛，脸色发青，这都显示他中了砷毒，投毒者可能是怀有异心的宫廷侍从（通常是太监）。他的侄子溥仪继位，成为中国的末代皇帝。

疯子皇帝

公元55年，罗马帝国皇帝尼禄令人用砷毒死了幼弟不列塔尼库斯，为自己的统治扫除了障碍。

硒 SELENIUM

硒得名于希腊神话中的月亮女神塞勒涅(Selene)。

Se 34

原子量：78.96
颜色：金属灰
物态：固体
熔点：221℃
沸点：685℃
晶体结构：六方晶系

类型：非金属
原子序数：34

4%
挪威

4%
韩国

5%
印度

5%
加拿大

6%
比利时

6%
俄罗斯

7%
美国

10%
德国

15%
其他

19%
日本

19%
中国

副产物

硒是从富含硫的铜、铅和镍矿中提取的，这些矿物里含有少量的硒。

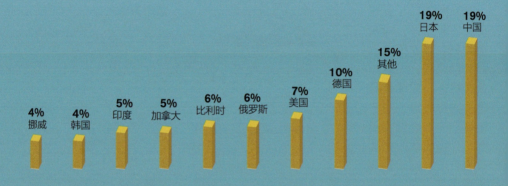

2670吨

冶金
35%

电气工程
10%

饲料
10%

电池
10%

？
其他
10%

玻璃
25%

纯硒通常有金属光泽，但它是非金属元素。硒在工业上用途广泛，包括用作饲料添加剂，动物需要摄入少量的硒来维持健康。

溴 BROMINE

溴是唯一的液态非金属元素。下面的图表将溴与一种常见液体水进行了对比。

原子量：79.904
颜色：深红色
物态：液体
熔点：−7℃
沸点：59℃
晶体结构：正交晶系

类型：卤素
原子序数：35

35
Br

橙色气体

溴的沸点比水低，会蒸发成呛人的气体。它的名字意为"恶臭"，正是由于这种刺激性气味。

H₂O

Br

| 100℃ | 59℃ |

棕色液体

溴和水能相互溶解混合，但溴的密度比水大得多，会沉到容器底部。

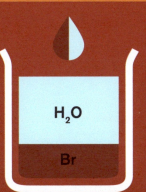

H₂O

Br

黏度

溴和水的黏度相近，它们流动、飞溅的样子很相似。

| 0.9 | 0.95 |

密度（克/立方厘米）

| 1 | 3.11 |

黄色固体

溴和水的凝固点接近。

H₂O

Br

| 0℃ | −7℃ |

10600

10580

核废样回收
1949 年至现在

氪 KRYPTON

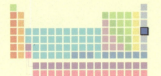

36
Kr

原子量：83.798
颜色：无色
物态：气体
熔点：−157℃
沸点：−153℃
晶体结构：n/a

类型：稀有气体
原子序数：36

180

160

140

120

100

80

60

40

20

0

PBq

核武器试验
1945 年至现在

　　空气中的天然氪含量极低，不过核裂变会产出氪85同位素，它可以用来衡量核反应的剧烈程度。通过检测氪85水平能发现核试验、核事故，评估核废料处理过程对环境的影响。

46%

引发闪电

　　核设施向上空排放氪85，会改变空气的导电性，使所在区域的闪电发生次数大幅增加。

切尔诺贝利
1986 年

三里岛 1979 年

铷 RUBIDIUM

原子量：85.4678
颜色：银白色
物态：固体
熔点：39℃
沸点：688℃
晶体结构：体心立方

类型：碱金属
原子序数：37

37
Rb

　　1995年，人们把铷冷却成了宇宙中最冷的物质，温度低达0.01K（零下273.14℃），只比绝对零度高一点点，比宇宙深空还要低几度。在如此低的温度下，铷原子放弃了各自的独立性，融合成玻色－爱因斯坦凝聚态。这是一种没有原子的物质状态，早在1924年就被理论预言存在，但实验颇花了一段时间才跟上来。

激光冷却

　　研究人员先用超强冰箱冷却铷气体，再用激光进一步降温。原子会吸收激光，如果激光的角度合适，就能让原子的运动慢下来，这会使气体中的原子逐个变得更冷。

磁陷阱

　　铷气体被约束在一个磁场"碗"里，温度相对较高的铷原子运动较快，会从碗上方逃逸。逐渐降低碗的高度，只留下底部最冷的原子，得到仅由几百个原子组成的玻色－爱因斯坦凝聚态物质。

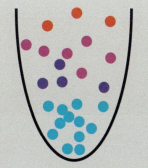  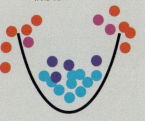

锶 STRONTIUM

38	
Sr	

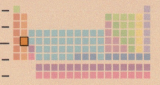

原子量：87.62
颜色：银灰色
物态：固体
熔点：777℃
沸点：1382℃
晶体结构：面心立方

类型：碱土金属
原子序数：38

锶主要由中国、墨西哥、西班牙和阿根廷生产。20世纪晚期，全世界3/4的锶用于生产电视机屏幕。在老式电视机的阴极上镀一层锶，可以防止它发出X射线。如今的液晶电视不需要锶，因此2005年锶产量大幅下降。不过锶在钻井泥浆方面的用量增加了，浓稠的泥浆可以防止气体从钻孔中逸出。

阴极射线管电视机

其他用途

报警信号弹用锶的化合物产生红色烟雾。锶能增强磁铁的性能，也是敏感牙齿专用牙膏的活性成分。蓝色颜料通常含有锶。锶还能用于生产玻璃和合金以及提炼锌。

钻井泥浆

颜料

信号弹

玻璃

锌　合金

磁铁

牙膏

产量（吨）

550000

500000

400000

350000

300000

250000

200000

150000

100000

0

1995 年　　2000 年　　2005 年　　2010 年　　2015 年

钇 YTTRIUM

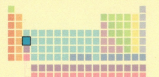

原子量：88.90585
颜色：银白色
物态：固体
熔点：1526℃
沸点：3336℃
晶体结构：六方晶系

类型：过渡金属
原子序数：39

钇和铝石榴石共同结晶形成钇铝石榴石(YAG)，是生产激光的主要材料。钇铝石榴石激光用于眼科手术、去除纹身、测距、焊接等。

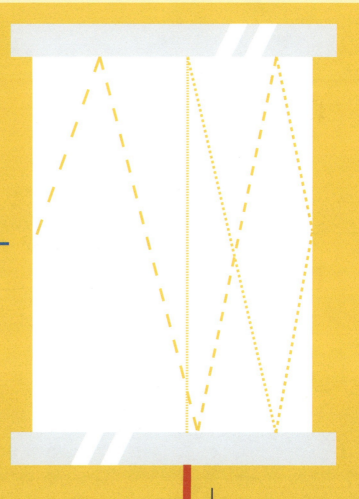

光

光线增益

钇铝石榴石晶体是激光的增益介质。光照射晶体，其能量激发晶体中的原子，促使它们更多地发出特定波长（或说颜色）的光。晶体两端安装有镜子，因此光线会在晶体内部来回反射，使原子发出更多的光。经过增益的光通过其中一面镜子上的小孔以脉冲或光束形式释放出来。

激光

吨

| 俄罗斯 | 乌克兰 | 冈比亚 | 南非 | 美国 | 巴西 | 中国 | 印度 | 印度尼西亚 | 马来西亚 | 斯里兰卡 | 澳大利亚 |

0
25000
50000

锆 ZIRCONIUM

Zr 40

原子量：91.224
颜色：银白色
物态：固体
熔点：1855℃
沸点：4409℃
晶体结构：六方紧密堆积

类型：过渡金属
原子序数：40

100000
125000
150000

最广为人知的锆化合物是立方氧化锆，用作钻石的替代品。这两种晶体看起来非常相似，但也有一些差异。

颜色

钻石大多带一点黄色调或棕色调，氧化锆晶体更接近无色。

175000
200000

传热

钻石能传导热量，氧化锆则会隔热。除了宝石方面的用途，氧化锆还用于生产耐热陶瓷。

10 ── 钻石

225000

9

250000

8 ── 立方氧化锆

275000

硬度

钻石是目前已知最坚硬的天然物质。氧化锆无法与钻石相比，但硬度也很高。

300000

肮脏的秘密

钻石的最大特点是脏了以后仍然闪闪发亮，而氧化锆做不到这一点。

325000

沉重

氧化锆的密度是钻石的1.7倍。

古老

锆石由锆的硅酸盐构成，是地球上最古老的矿物。人们在澳大利亚发现了有44亿年历史的锆石晶体。

350000
375000
400000
425000

450000

铌 NIOBIUM

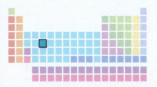

原子量： 92.90638
颜色： 钢灰色
物态： 固体
熔点： 2477℃
沸点： 4744℃
晶体结构： 体心立方

类型： 过渡金属
原子序数： 41

41
Nb

大型强子对撞机 (LHC)
周长 27 千米

1200 吨

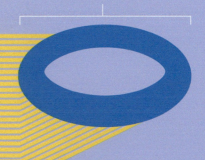

铌是地壳中含量排第34位的物质，分布极为分散，没有什么矿石以铌为主要成分。铌在电子工业方面有几种重要用途，包括制造晶体管。每部智能手机都含有一点儿这种金属。铌的产量近年来增加了1倍，但年产量很少突破5万吨。

超导体

铌用量最多的地方是制造超导合金线。粒子加速器用这类合金线向控制粒子束运动的电磁铁供电，比如欧洲粒子物理研究中心(CERN)的大型强子对撞机(LHC)就是这样。正在法国建造的国际热核聚变实验反应堆(ITER)将成为历史上铌质量最集中的地方。

万亿电子伏特加速器 (Tevatron)
周长 6.8 千米

17 吨

国际热核聚变实验反应堆 (ITER)
周长 0.09 千米

850 吨

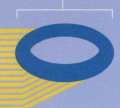

钼 MOLYBDENUM

Mo 42

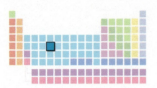

原子量：95.94
颜色：银白色
物态：固体
熔点：2623℃
沸点：4639℃
晶体结构：体心立方

类型：过渡金属
原子序数：42

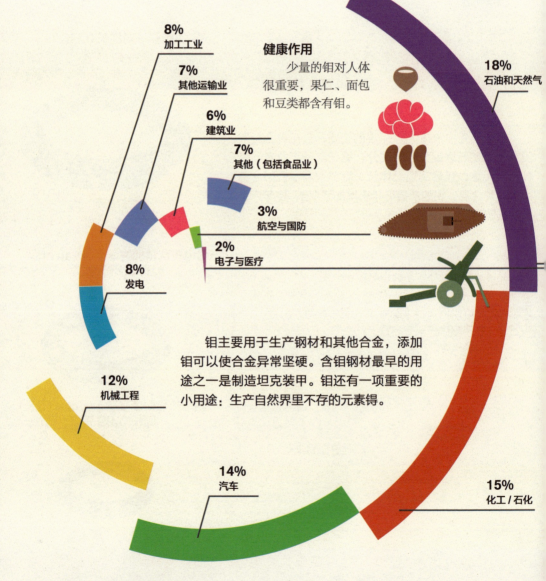

8%
加工工业

7%
其他运输业

6%
建筑业

7%
其他（包括食品业）

健康作用

少量的钼对人体很重要，果仁、面包和豆类都含有钼。

18%
石油和天然气

3%
航空与国防

2%
电子与医疗

8%
发电

12%
机械工程

钼主要用于生产钢材和其他合金，添加钼可以使合金异常坚硬。含钼钢材最早的用途之一是制造坦克装甲。钼还有一项重要的小用途：生产自然界里不存在的元素锝。

15%
化工/石化

14%
汽车

锝 TECHNETIUM

原子量：98	类型：过渡金属
颜色：银灰色	原子序数：43
物态：固体	
熔点：2157℃	
沸点：4265℃	
晶体结构：六方晶系	

43
Tc

锝的放射性太强，如今地球上已经没有原初的锝原子了，它们都在地球诞生后的头几百万年里衰变掉了。不过现在有人工制造的锝，用作医疗检查的示踪剂。

γ信号

锝会释放γ射线，它注射进人体后能充当多种软组织的示踪剂，产生的射线用于实时成像。

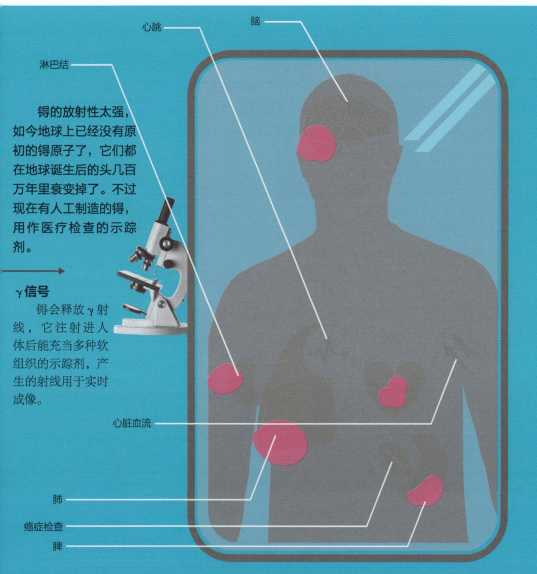

淋巴结

心跳　　脑

心脏血流

肺
癌症检查
脾

钌 RUTHENIUM

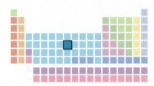

Ru 44

原子量：101.07
颜色：银白色
物态：固体
熔点：2334℃
沸点：4150℃
晶体结构：六方晶系

类型：过渡金属
原子序数：44

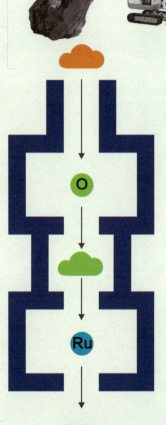

原料（天然气 / 煤）

钌是一种非常稀有的金属。高技术合金会用到微量的钌，不过这种元素的主要用途还是作为催化剂。在钌催化的诸多反应中有一个称为费托工艺，能把煤和天然气转化成液态的碳氢化合物燃料。

合成气

费托工艺

最终产物
（主要是燃料）

资源转换

费托工艺适用于缺乏石油的地区，能把煤和天然气里碳的化合物转化成有用的液态碳氢化合物。

合成气

原料与氧在受控条件下发生反应，生成合成气。这是一种易燃混合物，由氢气和一氧化碳组成。

钌的作用

包括钌在内的一系列催化剂使一氧化碳与氢结合，形成辛烷之类的长链碳氢化合物。这些可燃液体能用来驱动车辆，或者当作生产药品和其他化工产品的原料。

铑 RHODIUM

原子量：102.90550
颜色：银白色
物态：固体
熔点：1964℃
沸点：3695℃
晶体结构：面心立方

类型：过渡金属
原子序数：45

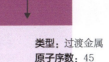

来自发动机

在我们能从地壳里开采提炼的元素中，铑的稀有程度居第二位。地壳里每10亿个原子中包含的铑原子不到3个。虽然铑极其稀有，但很多人都拥有一点儿——每辆汽车的催化转换器里都有微量的铑在发挥作用。

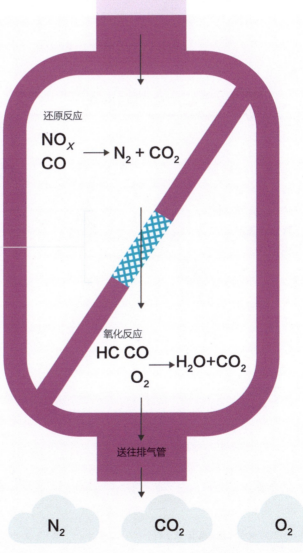

还原反应

$$NO_x + CO \longrightarrow N_2 + CO_2$$

Rh

氧化反应

$$HC\ CO\ O_2 \longrightarrow H_2O + CO_2$$

送往排气管

还原催化剂

催化转换器把车辆废气中毒性最高、污染性最强的成分转换成危害较小的物质。铑负责还原氮的氧化物，使其与废气里的一氧化碳发生反应，生成氮和二氧化碳。钯催化剂的作用相反，它负责把未燃烧的碳氢化合物氧化成水和二氧化碳。

H_2O N_2 CO_2 O_2

钯 PALLADIUM

	46
Pd	

原子量：106.42
颜色：银白色
物态：固体
熔点：1555℃
沸点：2963℃
晶体结构：面心立方

类型：过渡金属
原子序数：46

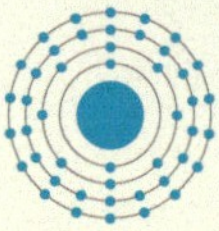

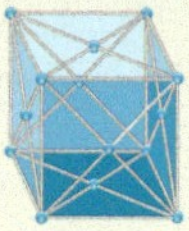

岩石中每 10 亿个原子包含:

在4种贵金属里，钯最稀有，生活中也最不常见。另外3种贵金属是金、铂和银。

Ag
70 个银原子

Pt
30 个铂原子

Au
11 个金原子

Pd
6 个钯原子

过于珍稀

钯是最罕见的贵金属，它太稀有了，无法在珠宝业大量应用。不过人们会将钯与金混合，制造精美的白金饰品。

按在地壳中的丰度排列：第 74 位　　　　　　　第 72 位　　　　　　　第 71 位

光

银 SILVER

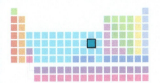

原子量：107.8682
颜色：亮白色，金属光泽
物态：固体
熔点：962℃
沸点：2162℃
晶体结构：面心立方

类型：过渡金属
原子序数：47

47
Ag

　　人们使用银的历史至少有5000年。富含银矿物的涓滴细流经过岩石，会形成天然纯银。银是性质最活泼的贵金属，它对光很敏感，因此对照相术的发展起了重要作用。

捕获图像

　　光照到溴化银微粒上。

　　光的能量把一部分溴化银分解成银原子和溴原子。

　　显影剂把溴化银还原成银和溴，但只对已经含有银原子的微粒起作用。

第65位

　　洗掉未感光微粒，纯银团块形成负像，明亮区域在图像中显示为黑色。

镉 CADMIUM

48 Cd

原子量：112.411
颜色：银蓝色
物态：固体
熔点：321℃
沸点：767℃
晶体结构：六方晶系

类型：过渡金属
原子量：48

Ångström

镉是一种毒性很高的柔软金属。长期接触镉会导致关节疼痛，容易骨折，日本称之为"痛痛病"。在认识到镉的毒性之前，人们曾用硫化镉制造黄色油性颜料，梵高、马蒂斯和莫奈都喜欢用这种颜料。今天镉的用途与它发出红光的能力有关，人们用这种红光的波长来定义一个微小的长度单位，称为埃（Ångström，符号为Å）。

波长

波长在人眼里表现为颜色。人眼可以看到波长在4000埃（蓝色）到7000埃（红色）之间的光。X射线携带的能量要高得多，波长大约是1埃。

很小，但很有用

可见光和其他射线的波长一般都很短。1868年，人们提出应该用一个新单位"埃"来衡量它们的波长，1埃相当于十亿分之一米。但这个距离要怎么测量呢？1907年，大家决定以镉的吸收光谱中那条红线的波长为6438.46963埃。选择镉是因为这条红线显而易见，它从此成为测量所有其他波长的标准。

原子量：114.818
颜色：银灰色
物态：固体
熔点：157℃
沸点：2072℃
晶体结构：四方晶系

类型：后过渡金属
原子序数：49

　　老式电视机屏幕需要很多锶，现在的电视机则全都需要铟。氧化铟锡负责把电流传导给像素，也就是液晶屏上那些彩色的点。之所以选择氧化铟锡，是因为它能加工得非常薄，可以透光。

　　铟的名字来自靛蓝(indigo)，一种最初源自印度的紫色染料。铟通电后会产生一条清晰的靛蓝色谱线。

锡 TIN

原子量：118.710	**类型**：后过渡金属
颜色：银白色	**原子序数**：50
物态：固体	
熔点：232℃	
沸点：2602℃	
晶体结构：四方晶系	

50

神奇的50

锡原子核里有50个质子，每个质子都与另一个质子相互锁定，形成25对，使原子核非常稳定，所以锡的稳定同位素数量是所有元素中最多的。一种元素的各种同位素有着相同数量的质子和不同数量的中子，所有元素都有一些同位素，其中大多数放射性都很强，寿命很短。而锡有10种稳定同位素，中子数量从62个到74个不等。

同位素比例

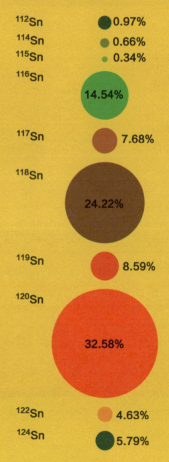

^{112}Sn 0.97%
^{114}Sn 0.66%
^{115}Sn 0.34%
^{116}Sn 14.54%
^{117}Sn 7.68%
^{118}Sn 24.22%
^{119}Sn 8.59%
^{120}Sn 32.58%
^{122}Sn 4.63%
^{124}Sn 5.79%

锑 ANTIMONY

原子量：121.760
颜色：银灰色
物态：固体
熔点：631℃
沸点：1587℃
晶体结构：三方晶系

类型：类金属
原子序数：51

51
Sb

锑是一种银灰色的类金属，人类利用锑矿物的历史十分悠久。古埃及人用锑的含硫化合物——辉锑矿当眼影。目前辉锑矿是主要的锑矿石，不过已探明的全球储量已经所剩无几。

全球储量

1987000

吨

全球年产量

180000

吨

锑可以提高汽车蓄电池里铅材料的强度，还用于去除高端玻璃制品里的气泡。三氧化锑是一种灭火剂。

吨 — 1000000

中国
(47.81%)

俄罗斯
(17.61%)

玻利维亚
(15.6%)

澳大利亚
(7.05%)

其他国家
(5.03%)

美国
(3.02%)

南非
(1.36%)

塔吉克斯坦
(2.52%)

剩余储量只够用

11

年?

碲 TELLURIUM

Te 52	

原子量：127.60
颜色：银白色
物态：固体
熔点：449℃
沸点：988℃
晶体结构：六方晶系

类型：类金属
原子序数：52

碲与光之间的关系非常有趣。陶瓷里的碲能产生多种釉彩效果。数码相机用于捕获图像的CCD（电荷耦合器）里含有这种半金属。用碲化镉制造的太阳能电池板比硅电池板要便宜得多（但效率比较低）。

01
010100100
10101010101
010010010
01010

愚蠢的淘金者

在1893年澳大利亚卡尔古利淘金热中，人们把闪闪发亮的碲金矿当成愚人的黄金（黄铁矿）丢掉，用来铺设通往矿坑的新路。1896年发现这种矿物是碲化金，淘金者们又蜂拥回去把道路掘开。

碘 IODINE

原子量：126.90447
颜色：黑色
物态：固态
熔点：114℃
沸点：184℃
晶体结构：正交晶系

类型：卤素
原子序数：53

53
I

脑

甲状腺

　　碘是食物中的重要成分。世界上许多地方的土壤中天然碘含量不足，因而食盐里普遍添加碘。童年缺少碘会使脑部发育出现问题，长大后缺碘会导致甲状腺肿，使脖子肿大。

氙 XENON

原子量：131.29
颜色：无色
物态：气体
熔点：−112℃
沸点：−108℃
晶体结构：n/a

类型：稀有气体
原子序数：54

54
Xe

10000
9500
9000
8500
8000
7500
7000
6500
6000
5500
5000
4500
4000
3500
3000
2500
2000
1500
1000

IMAX灯泡
IMAX投影机里的氙灯泡比普通灯泡亮

3000

倍，内部气压比大气压高25倍。技术人员更换氙灯泡时要穿上拆除炸弹时用的防爆服，以防灯泡破裂。

氙是稳定稀有气体里最重的元素。与该族其他成员一样，氙也用于气体放电灯，它发出的光芒比普通家用灯泡更"温暖"。换句话说，氙灯发出的光更白，所含黄光更少，更像日光，因而用作照相机闪光灯、高级汽车头灯和电影投影机光源。

铯 CAESIUM

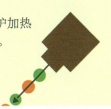

1. 用原子炉加热铯，产生离子流。

原子量：132.90545
颜色：带银调的金色
物态：固体
熔点：28℃
沸点：671℃
晶体结构：体心立方

类型：碱金属
原子序数：55

55
Cs

原子钟用铯计时，精度能达到万亿分之一秒。铯原子钟每300年才会出现慢1秒的误差，它是全世界官方时间的计时标准，导航卫星也用铯钟进行准确定位。

2. 离子处于低能态或高能态。

6. 石英振荡器在电脉冲作用下有规律地振动，进行计时。真空室里的微波强度与振荡频率相关。

磁铁

4. 在真空室内部，微波使离子从低能态变为高能态。

辐射

石英振荡器
控制波长

3. 磁场引导低能离子偏转，进入真空室。

磁铁

5. 探测器对接收到的离子进行计数，将信号传输给石英振荡器。

反馈给石英振荡器

探测器

离子的产生与反馈回路的振荡相关。如果振荡变慢，产生的微波更少，探测到的激发态铯原子就更少。这会产生一个电脉冲，重新启动石英振荡器，增加探测器接收到的离子数量。这个反馈系统确保石英振荡器保持正确的频率。

钡 BARIUM

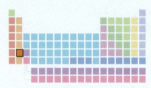

原子量：137.327	**类型**：碱土金属
颜色：银灰色	**原子序数**：56
物态：固体	
熔点：729℃	
沸点：1897℃	
晶体结构：体心立方	

钡的名字来源于希腊语中的"沉重"。岩石中钡的化合物非常致密，重得让人吃惊。最常用的钡的化合物是硫酸钡，天然矿物称为重晶石。重晶石用于生产加重钻井液，也是胃部X射线检查的造影剂。纯钡是一种活泼金属，少量应用于高温真空环境，能捕获氧分子，避免它们对元件造成损害。

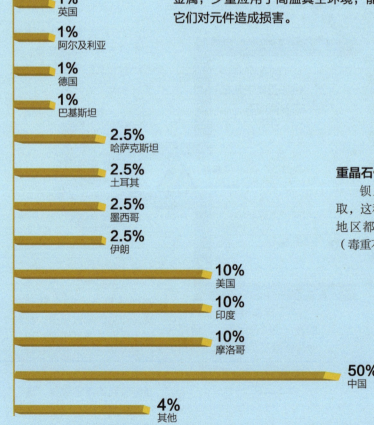

1% 俄罗斯

1% 越南

1% 英国

1% 阿尔及利亚

1% 德国

1% 巴基斯坦

2.5% 哈萨克斯坦

2.5% 土耳其

2.5% 墨西哥

2.5% 伊朗

10% 美国

10% 印度

10% 摩洛哥

50% 中国

4% 其他

重晶石供应

　　钡主要从重晶石中提取，这种矿石在世界上多个地区都有分布。碳酸钡矿（毒重石）也有少量应用。

镧 LANTHANUM

原子量：138.90547
颜色：银白色
物态：固体
熔点：920℃
沸点：3464℃
晶体结构：六方晶系

类型：镧系元素
原子序数：57

57
La

　　镧是一种相对常见的重金属，虽然很难提炼。全世界每年提炼7万吨镧，要经过一系列强力的置换反应从稀有的矿石中提取。镧在各种智能材料中的应用越来越广泛，这类材料有着特殊性质，可根据温度或电荷等外界条件的变化发生精确的变动。这种金属在电池、玻璃制造和照明等领域有着比较普遍的应用。

气体海绵
　　镧合金用于制造氢海绵。合金里的微小空隙吸收氢气，可以压缩存储大量的氢，最多达到自身体积的400倍。开发这种海绵是为了储存氢燃料。

顶级镜头
　　镜头玻璃里的镧可以减小像差，使所有光线集中于同一点，而不会轻微散开。

火花闪现
　　提炼出的镧大约有1/4用于制造打火机里的火石。

明亮的灯纱
　　煤气灯的纱罩里含有氧化镧，能把煤气燃烧时产生的热量转化成明亮的白光。

铈 CERIUM

原子量：140.116
颜色：铁灰色
物态：固体
熔点：795℃
沸点：3443℃
晶体结构：面心立方

类型：镧系元素
原子序数：58

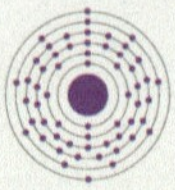

　　铈是镧系元素中最常见的一种，也是技术应用最广泛的一种。与许多其他镧系元素一样，铈可用于制造磁铁、玻璃和催化剂。

混合动力汽车
　　在现代汽车中，铈是一种重要的原材料，从燃油到仪表液晶屏等许多地方都要用到铈。

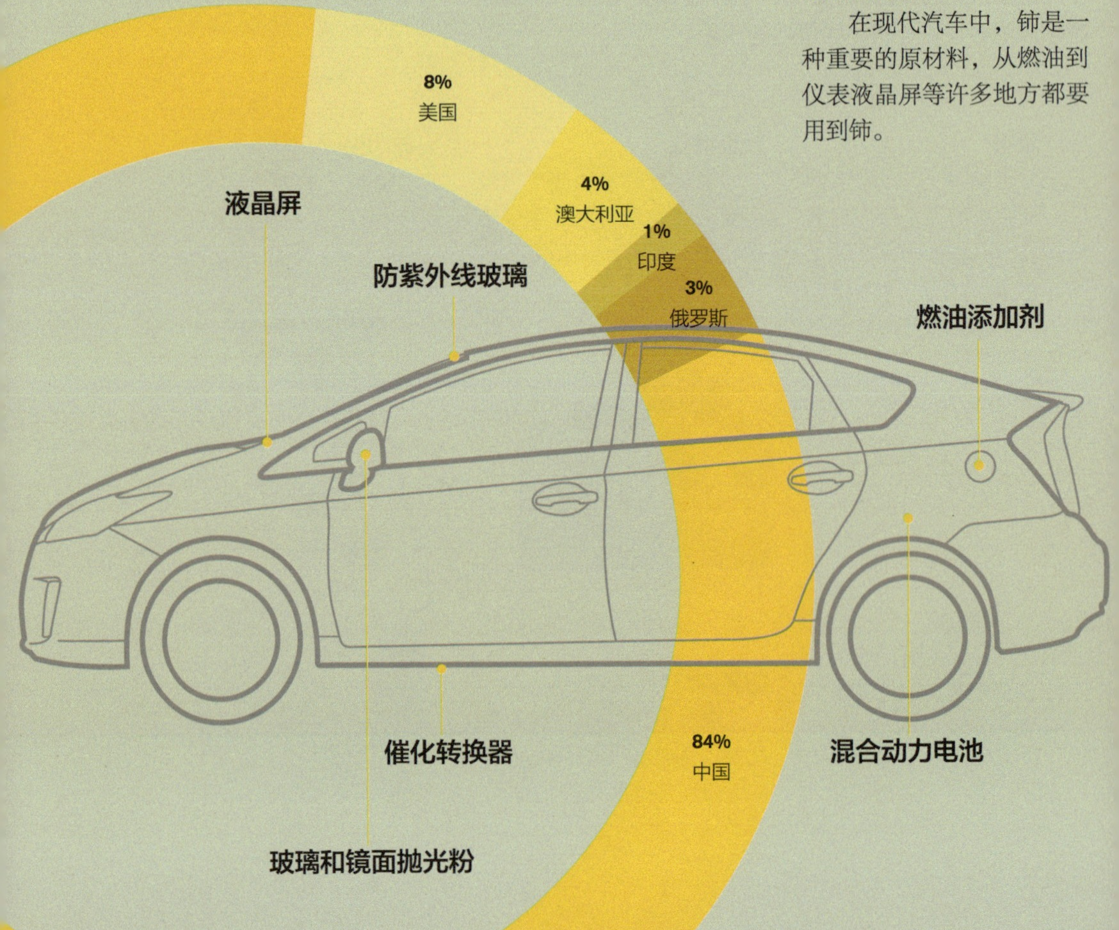

8%
美国

4%
澳大利亚

1%
印度

3%
俄罗斯

84%
中国

液晶屏

防紫外线玻璃

燃油添加剂

催化转换器

混合动力电池

玻璃和镜面抛光粉

镨 PRASEODYMIUM

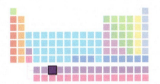

原子量：140.90765
颜色：银灰色
物态：固体
熔点：935℃
沸点：3520℃
晶体结构：六方晶系

类型：镧系元素
原子序数：59

59
Pr

　　镨的名字意为"绿色双子"，绿色是指它的氧化物在空气中是绿色碎片，双子指该元素发现者认为它与镧是孪生兄弟。这种金属的许多用途都源自它的颜色和光芒。

光速变慢

　　光束穿透掺杂了镨的硅酸盐水晶时，会产生一种奇妙的效应——速度从每秒3亿米降到每秒1 000米以下。据认为，这种慢光技术可以用于搭建速度更快、效率更高的网关，提高通信的安全性。

多彩色调

　　焊接工人使用的护目镜和护罩用镨产生暗色调，过滤对眼睛有害的强光。与此类似，让人能在昏暗环境中看得更清楚的黄色玻璃镜片也含有镨。镨还能使人造宝石呈现淡绿色，模仿天然宝石橄榄石的颜色。

钕 NEODYMIUM

原子量：144.242	**类型**：镧系元素
颜色：银白色	**原子序数**：60
物态：固体	
熔点：1024℃	
沸点：3074℃	
晶体结构：六方晶系	

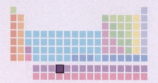

Nd 60

钕与铁、硼制成合金，用于制造钕铁硼(NIB)磁铁。用磁力与体积的比例来衡量，钕铁硼磁铁是已知最强力的磁铁。一块钕铁硼磁铁的吸附力为自身重量的

1000 倍。

小巧而强大

钕铁硼磁铁的磁力非常强，电磁设备有了它就能做得很小，比如麦克风、吉他拾音器和其他音响系统。计算机硬盘用钕铁硼磁铁来读取、写入和擦除数据。

转起来

尺寸较大的钕铁硼磁铁能让电动机产生强大的转矩，所以电动汽车提速很快。

钷 PROMETHIUM

原子量：145
颜色：银色
物态：固体
熔点：1042℃
沸点：3000℃
晶体结构：六方晶系

类型：镧系元素
原子序数：61

61
Pm

钷的放射性太强，难以稳定存在，在地球上的含量少到不足以派上什么用场。自然界里唯一能探测到这种元素的地方是超新星爆发的火球，恒星爆炸的威力能生产出新的重元素。

126Pm
0.5秒

145Pm
17.7年

11 颗软心糖豆 /
9 个曲别针 /
7 张纸牌 /
5 个 1 便士硬币 /
1 节 7 号电池 /
3 个骰子。

迅速衰变

钷有38种同位素，没有一种是稳定的。它的大多数同位素的半衰期只有几分钟或几天，最不稳定的是钷126，坚持最久的是钷145。

理论重量

地球上的天然放射性过程持续不断地产生钷，但它很快就会衰变成其他元素。根据化学家的计算，在任意时刻，地球上只存在12克钷，相当于：

钐 SAMARIUM

Sm 62

原子量：150.36
颜色：银白色
物态：固体
熔点：1072℃
沸点：1794℃
晶体结构：正交晶系

类型：镧系元素
原子序数：62

钐与钴结合制造出的磁铁的磁性比同等大小的普通磁铁强1万倍。与钕铁硼磁铁相比，钐钴磁铁的磁力有所不如，但在高温下保持磁性的能力更强，多应用于高能领域。

无需燃料

2016年7月，单座飞机"太阳脉冲号"在完成环球飞行后降落在阿布扎比。这次飞行分几个阶段进行，全程没有使用燃料。

机翼上装有太阳能电池板给电池充电，用于夜间飞行。飞机的动力来自4个超高效的电推进发动机，使用钐磁铁来产生所需的转动。

一块钐钴磁铁的磁性比一块普通磁铁强

10000 倍。

铕 EUROPIUM

原子量： 151.964	**类型：** 镧系元素
颜色： 银白色	**原子序数：** 63
物态： 固体	
熔点： 826℃	
沸点： 1529℃	
晶体结构： 体心立方	

63

Eu

铕得名于欧洲大陆(Europe)，但储量主要分布在亚洲（中国内蒙古）和北美（美国加利福尼亚州）。这种金属主要用于生产发光二极管(LED)内部的磷光体。发光二极管是构成平板显示器彩色像素的电子器件，铕用于制造蓝色和红色发光二极管，同属镧系元素的铽和钇用于产生绿光。

隐藏记号

铕的磷光特性意味着它在紫外线照射下会发光。许多纸币里都含有磷光墨水和植入物组成的隐藏符号，用于防伪。这类防伪技术是保密的，不过欧元纸币已被确认含有铕。

钆 GADOLINIUM

原子量：157.25
颜色：银色
物态：固体
熔点：1312℃
沸点：3273℃
晶体结构：六方晶系

类型：镧系元素
原子序数：64

　　钆是第一种直接用人名来命名的元素。这种金属于1886年首次从加多林矿（硅铍钇矿）中提炼出来，加多林矿是一种有光泽的黑色矿物，由其发现者、芬兰化学家约翰·加多林(Johann Gadolin)命名。到现在为止，根据人名来命名的元素已有19种。

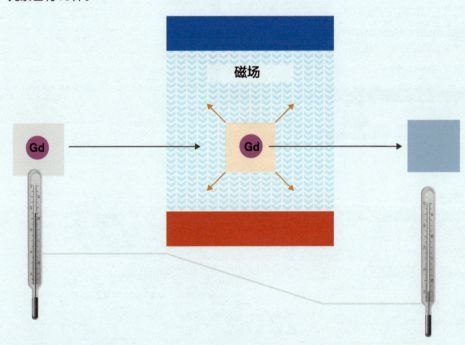

磁场

Gd

Gd

磁性冰箱

　　钆在强磁场作用下会发热，并立刻把热量散发掉，使磁场所在区域变冷。这种致冷机制与现在的冰箱完全不同，有可能成为一种成本更低、污染更小的冷藏手段。

铽 TERBIUM

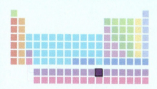

原子量：158.92535
颜色：银白色
物态：固体
熔点：1356℃
沸点：3230℃
晶体结构：六方晶系

类型：镧系元素
原子序数：65

与其他镧系元素相似，铽也有几种特别的用途。在铽的特殊性质中，有一种是磁致伸缩，即通电时会产生与电流一致的振动。这使它能把任何平面（比如桌子或窗户）变成扬声器，把振动传导给平面，产生声波。这个特性已经运用在声呐系统中，将来也许还会有更多用途。

因地得名

铽是1843年从一种称为钇土(yttria)的矿物中发现的。钇土是一种复杂矿物，发现于瑞士的一处矿脉，根据矿区附近的城镇伊特比(Ytterby)命名。铽、钇、铒和镱这几种特殊金属的名字都来自这个城镇。以一个地点的名字命名了多种元素，这样的事例仅此一桩。

黄色电光

铽的磷光体通电后发出耀眼的柠檬黄光，经过过滤器之后形成平板显示器上的绿色像素。

正确的地点，错误的名字

钆的原始来源——加多林矿（硅铍钇矿）也是在伊特比矿区发现的。

镝 DYSPROSIUM

66
Dy

原子量：162.5
颜色：银白色
物态：固体
熔点：1407℃
沸点：2562℃
晶体结构：六方晶系

类型：镧系元素
原子序数：66

　　为了从"稀土"矿物里混杂成一团的多种镧系金属中找到镝，化学家们花了好几年时间去分析。当这种元素终于现身时，人们用希腊语中的"难以获取"给它命名。这个形容到今天仍未过时，全世界每年生产的镝只有100吨。

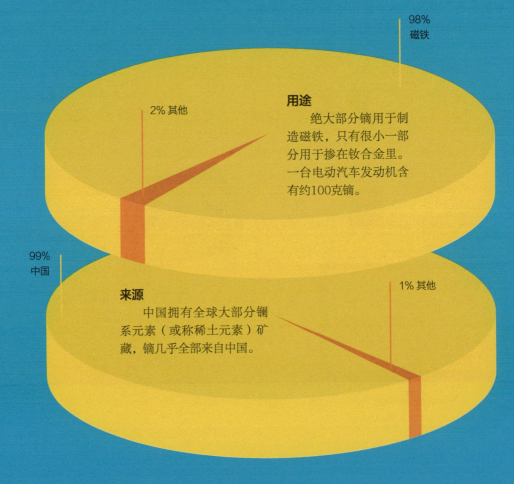

98%
磁铁

2% 其他

用途
　　绝大部分镝用于制造磁铁，只有很小一部分用于掺在钕合金里。一台电动汽车发动机含有约100克镝。

99%
中国

1% 其他

来源
　　中国拥有全球大部分镧系元素（或称稀土元素）矿藏，镝几乎全部来自中国。

钬 HOLMIUM

原子量：164.93032
颜色：银白色
物态：固体
熔点：1461℃
沸点：2720℃
晶体结构：六方晶系

类型：镧系元素
原子序数：67

钬得名于瑞典首都斯德哥尔摩(Stockholm)。大多数镧系元素最早是从瑞典出产的奇特矿物中发现的。钬在电子产业中有若干用途，其中最有意思的大概是潜艇核反应堆里的"可燃毒物"。核电厂用控制棒调节裂变反应，核潜艇则用"毒物"来吸收中子，使核反应平稳进行。这种毒物通常由钬、硼和钆组成。

激光手术刀

钬能产生波长为2微米的激光，用于在外科手术中切割或烧除组织，激光切口比普通手术刀的切口更细小，定位精度非常高。它还能烧灼皮肉、封住血管。

极冷之力

钬有着所有元素中最大的磁矩，这大体上是说它产生的磁场是所有元素中最强的。不过，这种特性只有在开氏温标19K（零下254℃）时才会表现出来。

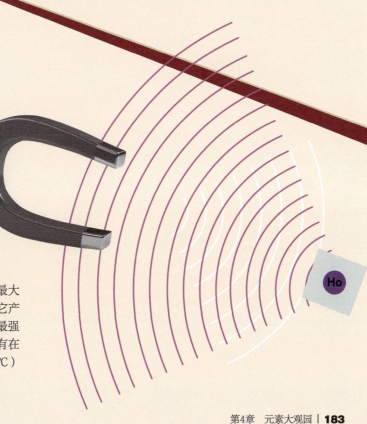

铒 ERBIUM

68
Er

原子量：167.259	**类型**：镧系元素
颜色：银色	**原子序数**：68
物态：固体	
熔点：1362℃	
沸点：2868℃	
晶体结构：六方晶系	

　　铒也是一种得名于瑞典小镇伊特比的金属元素。它来自一个偏僻的小镇，但如今已实实在在地走向全球。这种金属用作激光放大器的掺杂剂，使电信号能沿海底光缆进行传输。

信号衰减
　　信号就算以激光闪烁的方式进行传送，在沿光缆传输很远的距离之后也会减弱。大约每隔70千米就要用铒放大器增强信号。

激光泵
　　用激光信号照射掺有微量铒的硅晶体，使晶体充能，产生一个与入射信号特征相同但强度得到恢复的新信号。

玫瑰色
　　粉红色玻璃利用氧化铒致色，氧化铒能吸收绿光，反射红光和浅蓝光，产生粉红色。

鲨鱼袭击
　　激光放大器需要电力，它由与光缆绑在一起的电缆供电。电场会招来鲨鱼，可能使电缆被咬坏。

铥 THULIUM

原子量：168.93421
颜色：银灰色
物态：固体
熔点：1545℃
沸点：1950℃
晶体结构：六方晶系

类型：镧系元素
原子序数：69

这种灰色金属是镧系元素里的"灰羊"（译注：指融入群体、缺乏存在感的人物）。铥的主要特征与其他镧系元素没有显著差异，也没有什么鲜明特征或独特用途。它有一种放射性同位素用作便携式医疗扫描仪的X射线源。

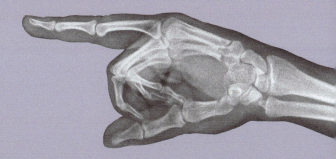

名字的含义

铥(Thulium)得名于希腊神话里虚构的"极北之地"(Thule)，它位于遥远的北方，是世间寒冷的源头。古代的探险者们从来没有到达过极北之地，他们大多来到了斯堪的纳维亚半岛。

正是在这里，瑞典研究者皮·特奥多尔·克利夫于1879年发现了铥。英国人查尔斯·詹姆斯于1911年首次分离出铥，他把工作流程分解成多个步骤，总共用了15000步才最终提纯样本。

15000

镱 YTTERBIUM

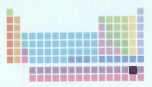

原子量：173.054
颜色：银色
物态：固体
熔点：824℃
沸点：1196℃
晶体结构：面心立方

类型：镧系元素
原子序数：70

在钇、铽和铒之后，镱是最后一种根据瑞典小镇伊特比命名的元素。这批名字看起来是化学家们缺乏想象力所致，实际上是长达30年的发现权之争的结果。

1878年让·夏尔·加利萨·德马里尼亚从铒样本里分离出一种矿土（粉状矿物），称其为YTTERBIA。

1905年卡尔·奥尔·冯·威尔斯巴赫宣布他在YTTERBIA里发现了两种元素，将其命名为ALDEBARANIUM和CASSIOPEIUM。

1906年查尔斯·詹姆斯发现了YTTERBIA中存在两种新元素的证据，但并未给新元素命名。

1907年乔治·于尔班从YTTERBIA里分离出两种化合物，称其为NEOYTTERBIA和LUTECIA。

1909年于尔班和威尔斯巴赫就发现权产生争执，化学界决定发现权属于于尔班，新元素命名为镱(YTTERBIUM)和镥(LUTETIUM)，不过许多德国化学家倾向于使用威尔斯巴赫的命名，一直到20世纪50年代。

1953年首次提取出纯镱。

50
吨

年产量

每千克
1000 美元

施加压力

镱的导电性与压力有关，随着压力增大，它会从导体变成半导体，随后又变回导体。镱用于测量核爆炸或地震等场合的巨大压力。

镥 LUTETIUM

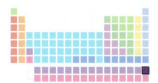

原子量：174.9668
颜色：银色
物态：固体
熔点：1652℃
沸点：3402℃
晶体结构：六方晶系

类型：镧系元素
原子序数：71

镥是镧系元素中的最后一种，也是最稀少的一种。稀土元素虽然叫这么个名字，其实它们在地壳里的含量比一些常见金属还要高，只是难以提纯。镧系元素拥有许多相似的性质，因为它们的原子结构相似。从镧到镥，原子尺寸逐渐减小，镥是原子最小但最重的镧系元素。

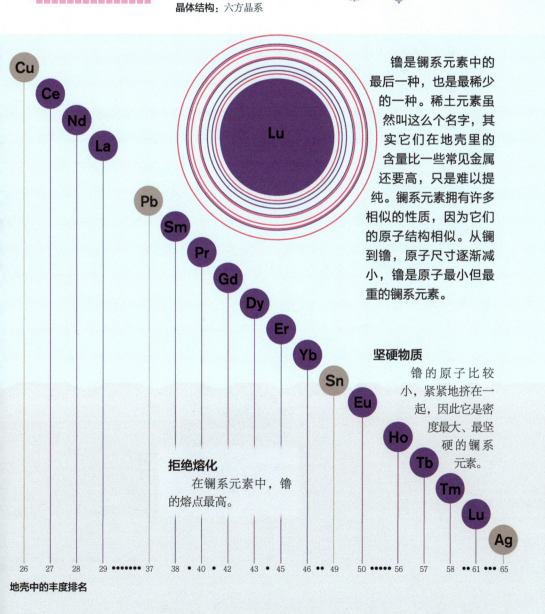

坚硬物质

镥的原子比较小，紧紧地挤在一起，因此它是密度最大、最坚硬的镧系元素。

拒绝熔化

在镧系元素中，镥的熔点最高。

地壳中的丰度排名

铪 HAFNIUM

Hf 72

原子量：178.49
颜色：银灰色
物态：固体
熔点：2233℃
沸点：4603℃
晶体结构：六方晶系

类型：过渡金属
原子序数：72

铪在很长时间里都不为人知，尽管锆样本里有4%是铪。这两种元素的化学性质几乎完全一样。

捕获中子

铪有5种稳定同位素，适合用在核反应堆控制系统中收集中子。

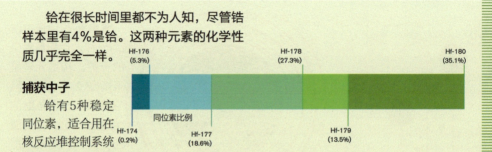

Hf-176 (5.3%)
Hf-178 (27.3%)
Hf-180 (35.1%)
Hf-174 (0.2%)
Hf-177 (18.6%)
Hf-179 (13.5%)
同位素比例

供给和需求

每年全世界大约生产80吨纯铪。由于新的核电站项目需求增加，铪的价格近年来有所上涨。

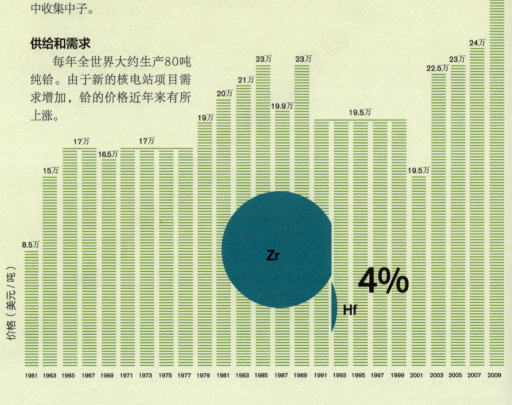

价格（美元／吨）

8.5万　15万　17万　16.5万　17万　19万　20万　21万　23万　19.9万　23万　19.5万　19.5万　22.5万　23万　24万　55万

1961 1963 1965 1967 1969 1971 1973 1975 1977 1979 1981 1983 1985 1987 1989 1991 1993 1995 1997 1999 2001 2003 2005 2007 2009

Zr

4%

Hf

开采量（吨）

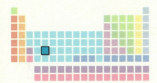

钽 TANTALUM

	73
	Ta

原子量：180.9479
颜色：银灰色
物态：固体
熔点：3017℃
沸点：5458℃
晶体结构：体心立方

类型：过渡金属
原子序数：73

钽用于制造手机、平板电脑等电子设备里的微型电容器。钶钽铁矿是一种主要的钽矿物，其中还含有铌元素。

钶钽铁矿主要产于非洲中部，该地区将来可能成为钽的主要产地之一。

疯狂争夺

过去20年来，非洲中部主要围绕钶钽铁矿发生的冲突使东部低地大猩猩数量大幅减少。

AUS：澳大利亚　　BRA：巴西　　　CAN：加拿大
DRC：刚果（金）　Rest of Africa：非洲其他地区
Rest of world：世界其他地区

钨 TUNGSTEN

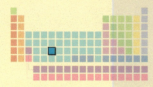

钨的名字来源于瑞典语中的"沉重的石头"，这种金属是从一种称为黑钨矿的致密矿物里发现的。该矿物的瑞典语名称是wolframite（意为"狼土"），钨的元素符号W就来源于此。最显眼的钨莫过于白炽灯里的灯丝，不过这只是它的一种次要用途。

20%
钢材 / 合金

55%
烧结硬质合金

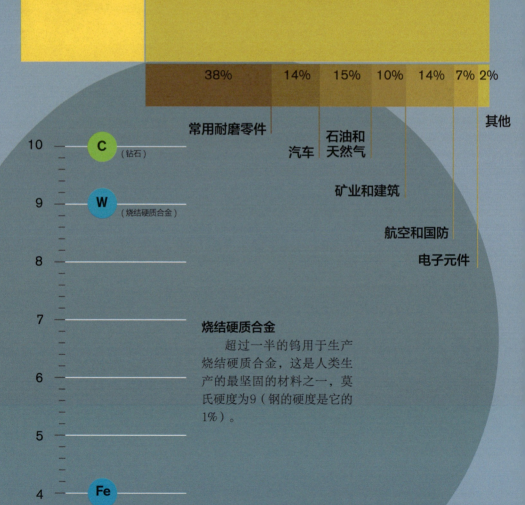

38%	14%	15%	10%	14%	7%	2%

常用耐磨零件

汽车

石油和天然气

矿业和建筑

航空和国防

电子元件

其他

10 — C （钻石）

9 — W （烧结硬质合金）

8 —

7 —

烧结硬质合金

超过一半的钨用于生产烧结硬质合金，这是人类生产的最坚固的材料之一，莫氏硬度为9（钢的硬度是它的1%）。

6 —

5 —

4 — Fe

原子量：183.84
颜色：银白色
物态：固体
熔点：3422℃
沸点：5555℃
晶体结构：体心立方

类型：过渡金属
原子序数：74

来源

每年全世界从矿石中提炼7.5万吨钨，其中约80%来自中国。

17%
轧制产品

8%
其他

4%

灯泡

熔点

钨是熔点最高的金属，其他元素中只有碳能耐受更高的温度。氧乙炔焰足以使钨熔化，但太阳上温度较低的区域——太阳黑子也许就不能！

热膨胀

纯钨受热时膨胀幅度很小。温度每升高1度，钢的膨胀幅度比钨大2倍。

C
3642℃

W
3480℃

W
3422℃

3000℃

W

Fe

铼 RHENIUM

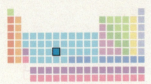

原子量：186.207
颜色：银白色
物态：固体
熔点：3186℃
沸点：5596℃
晶体结构：六方晶系

类型：过渡金属
原子序数：75

铼发现于1925年，是人类发现的最后一种稳定元素。铼主要从锰和钼的矿物中提取，每年全球提炼产量不到50吨，而需求量约为60吨，缺口的10吨来自回收利用。

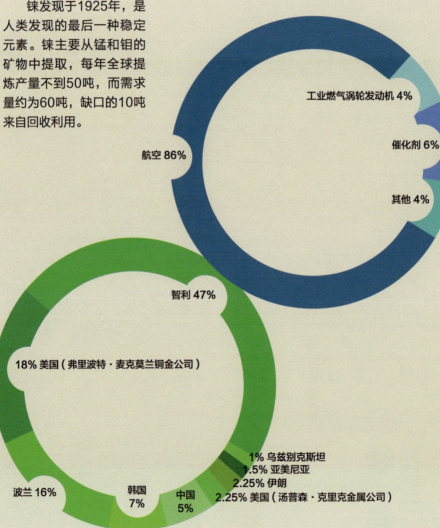

工业燃气涡轮发动机 4%

催化剂 6%

其他 4%

航空 86%

智利 47%

18% 美国（弗里波特·麦克莫兰铜金公司）

波兰 16%

韩国 7%

中国 5%

1% 乌兹别克斯坦
1.5% 亚美尼亚
2.25% 伊朗
2.25% 美国（汤普森·克里克金属公司）

锇 OSMIUM

原子量：190.23
颜色：带蓝调的灰色
物态：固体
熔点：3033℃
沸点：5012℃
晶体结构：六方晶系

类型：过渡金属
原子序数：76

76 Os

　　锇是地壳里最稀有的元素，岩石中每存在100亿个其他原子，只存在1个锇原子。它也是密度最大的元素（有些测量数据显示铱的密度最大）。

当前用途

　　锇能与油和脂肪紧密结合，给生物样本着色，用于电子显微镜观察。锇粉能附着在指纹的油脂残留物上。

1 个锇原子

指纹

100 亿个其他原子

过气角色

　　对于早期的电灯泡，锇是制造灯丝的首选金属材料，这一用途后来被钨取代。20世纪50年代，锇还曾用于制造留声机唱针。

铱 IRIDIUM

原子量：192.217	**类型**：过渡金属
颜色：银白色	**原子序数**：77
物态：固体	
熔点：2466℃	
沸点：4428℃	
晶体结构：面心立方	

地球岩石里的铱含量普遍很低，但全世界岩层中都有一个石英粉薄层，其中铱含量异乎寻常地高。这些粉尘产生于6500万年前，当时有一块直径约为10千米的陨石撞击了如今的墨西哥地区。撞击产生的碎屑使地球笼罩在粉尘团中，后来粉尘沉降形成我们今天发现的薄层，里面的铱来自那块碎裂的陨石。生物学家认为，这个全球性事件导致了恐龙的灭绝。

铂 PLATINUM

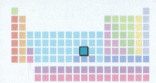

原子量：195.078
颜色：银白色
物态：固体
熔点：1768℃
沸点：3825℃
晶体结构：面心立方

类型：过渡金属
原子序数：78

78
Pt

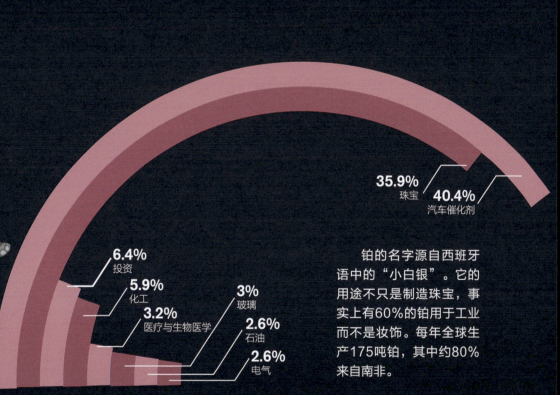

35.9%
珠宝

40.4%
汽车催化剂

6.4%
投资

5.9%
化工

3.2%
医疗与生物医学

3%
玻璃

2.6%
石油

2.6%
电气

铂的名字源自西班牙语中的"小白银"。它的用途不只是制造珠宝，事实上有60%的铂用于工业而不是妆饰。每年全球生产175吨铂，其中约80%来自南非。

金 GOLD

Au 79

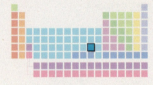

金是价值的象征。几千年来，这种有着独特黄色的金属一直代表着财富。金在化学上几乎完全是惰性的，因此自然界中存在着纯金。金总是保持原样，不会被腐蚀。购买黄金是一种安全投资。与其他元素不同，它不会褪色，也不会破碎、化为乌有。

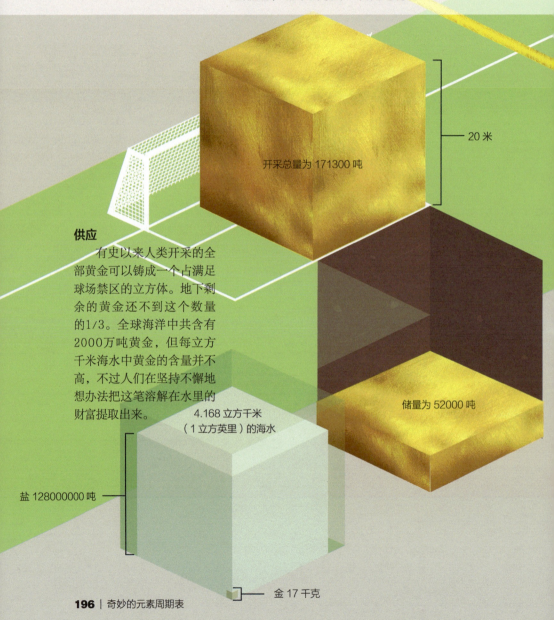

20 米

开采总量为 171300 吨

储量为 52000 吨

供应

有史以来人类开采的全部黄金可以铸成一个占满足球场禁区的立方体。地下剩余的黄金还不到这个数量的1/3。全球海洋中共含有2000万吨黄金，但每立方千米海水中黄金的含量并不高，不过人们在坚持不懈地想办法把这笔溶解在水里的财富提取出来。

4.168 立方千米
（1 立方英里）的海水

盐 128000000 吨

金 17 千克

原子量：196.96655
颜色：有金属光泽的黄色
物态：固体
熔点：1064℃
沸点：2856℃
晶体结构：面心立方

类型：过渡金属
原子序数：79

1克

材料性质

　　金是延性最好的元素，能拉成很长的丝线而不断裂。它的展性也是最好的，能锤打成薄得透光的金箔。

165米

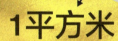

1平方米

金砂和金块

　　通常采金的方法是砸碎石头，从中提取金砂。偶然能找到比较大的金块，最大的一块是1869年在澳大利亚发现的"欢迎陌生人"。

重量	97.14 千克
尺寸	61 厘米 × 31 厘米

汞 MERCURY

原子量：200.59
颜色：银白色
物态：液体
熔点：−39℃
沸点：357℃
晶体结构：正交晶系

类型：过渡金属
原子序数：80

标准条件下呈液态的元素只有两种，其中一种就是汞。汞的名字来源于罗马神话里的信使之神墨丘利(Mercury)，他行动迅捷，难以捉摸。汞早先曾叫作快银，元素符号Hg源自拉丁语 *hydrargyrum*，意思是"水银"。

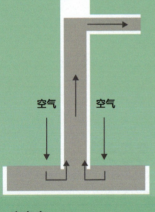

空气　空气

高密度

汞的密度比水高13倍。17世纪的工程师发现，吸水高度无法超过10米。他们用汞小规模地模拟这个问题时，发现汞只能升到76厘米的高度，是水的1/14。最终人们弄明白了，这些高度取决于大气压，也就是液体表面大气的重量。气压计就这样诞生了，大气压也是揭示元素原子属性的最初线索。

危险物质！

吸进汞蒸气会对神经系统造成永久性损伤，所以现代制造业极少使用汞。但有些行业还是会排放出汞，特别是非法采金，其手段是用汞溶解黄金，把它从岩石中提取出来。

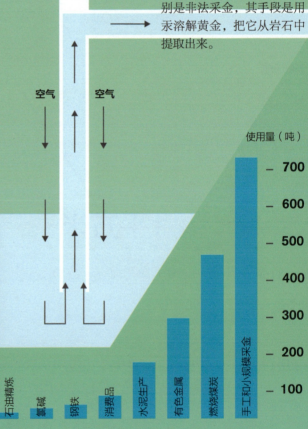

空气　空气

使用量（吨）

— 700
— 600
— 500
— 400
— 300
— 200
— 100

石油精炼
氯碱
钢铁
消费品
水泥生产
有色金属
燃烧煤炭
手工和小规模采金

铊 THALLIUM

原子量：204.3833
颜色：银白色
物态：固体
熔点：304℃
沸点：1473℃
晶体结构：六方晶系

类型：后过渡金属
原子序数：81

铊是一种有毒的重金属，接触铊会对全身造成影响，最终导致痛苦的死亡。有人把硫酸铊称为"投毒者的毒药"，因为这种物质无色无味，很难从人体里检测出来。

 便秘

 肢端疼痛

 恶心、呕吐

 腹痛

 指甲出现米氏线

 脱发

 心率加快

 抽搐、昏迷和死亡

15毫克/千克

600 ml

Tl

光

中位数剂量

对大多数人来说，铊暴露水平达到每千克体重15毫克都会致死。

闪光的线索

铊的名字来自于其发射光谱中的叶绿色。用光照射受害者的尿液可以检测出铊中毒，尿液中的铊会吸收绿光。

铅 LEAD

82	
Pb	

原子量： 207.2
颜色： 灰色
物态： 固体
熔点： 327℃
沸点： 1749℃
晶体结构： 面心立方

类型： 后过渡金属
原子序数： 82

 视力模糊　　 肢端刺痛　　 口齿不清　　 便秘和腹泻

 记忆受损　　 肾脏衰竭　　 抽搐　　 肤色铁青（青灰色）

 听力受损　　 贫血　　 不育　　 全身虚弱

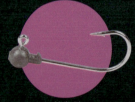

钓鱼坠

焊料

霰弹

铅使燃油均匀燃烧

　　铅可能是人类提炼的第一种金属，能追溯到9000年前。但从那以来，这种金属一直在对人们产生毒害。铅中毒很少致死，但会导致肠胃和神经系统出现多种慢性失调。过去40年来，铅的传统用途逐渐废止了。

铋 BISMUTH

原子量：208.98040
颜色：银色
物态：固体
熔点：272℃
沸点：1564℃
晶体结构：三方晶系

类型：后过渡金属
原子序数：83

83
Bi

铋不在放射性元素之列，但它的原子其实能衰变成铊，只是非常缓慢。铋的半衰期比宇宙现在的年龄还要长10亿倍。

Bi → Tl

= × **1000000000**

更换为

钓鱼坠

焊料

霰弹

佩普（碱式水杨酸铋）

铅的替代品

铋的密度与铅差不多，熔点较低，因此在某些应用领域可以成为铅的良好替代品。这种金属元素的另一个广泛用途是常见的肠胃药，用于治疗消化不良，缓解胃痛和止泻。

钋 POLONIUM

84
Po

原子量：209
颜色：银灰色
物态：固体
熔点：254℃
沸点：962℃
晶体结构：立方晶系

类型：类金属
原子序数：84

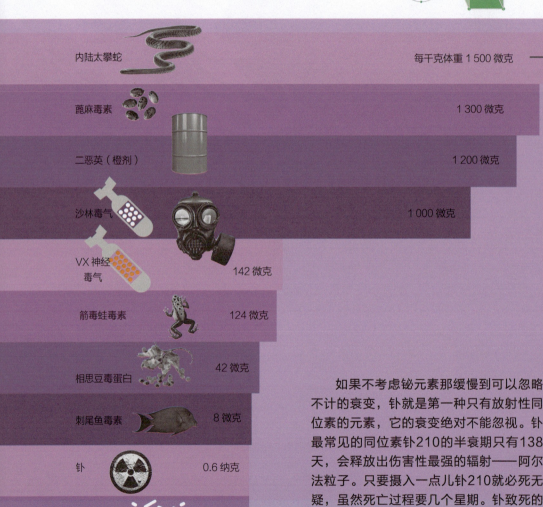

内陆太攀蛇　　　　　　　　　　　　　　　　　每千克体重 1 500 微克　➝

蓖麻毒素　　　　　　　　　　　　　　　　1 300 微克

二恶英（橙剂）　　　　　　　　　　　　1 200 微克

沙林毒气　　　　　　　　　　　　　　1 000 微克

VX 神经毒气　　　　　142 微克

箭毒蛙毒素　　　　　124 微克

相思豆毒蛋白　　　42 微克

刺尾鱼毒素　　　8 微克

钋　　　0.6 纳克

肉毒毒素　　0.062 纳克

如果不考虑铋元素那缓慢到可以忽略不计的衰变，钋就是第一种只有放射性同位素的元素，它的衰变绝对不能忽视。钋最常见的同位素钋210的半衰期只有138天，会释放出伤害性最强的辐射——阿尔法粒子。只要摄入一点儿钋210就必死无疑，虽然死亡过程要几个星期。钋致死的速度比较慢，但在致命化学物质毒性列表里仍高居第二位，仅次于肉毒毒素。

砹 ASTATINE

原子量：210
颜色：未知
物态：固体
熔点：302℃
沸点：337℃
晶体结构：未知

类型：卤素
原子序数：85

85
At

597400000000000000000000000千克

砹是卤素中的第5种，它的放射性强得让人难以置信，所以地球上存在的数量极少。放射性元素不断衰变产生砹原子，但砹最稳定的同位素的半衰期也只有7小时，其他同位素大多几分钟就会衰变，因此砹原子无法长久存在。

At　30克

氡 RADON

Rn 86	

原子量：222
颜色：无色
物态：气体
熔点：-71℃
沸点：-62℃
晶体结构：n/a

类型：稀有气体
原子序数：86

氡是一种稀有气体，在化学反应中不活泼，但它的放射性很强，是天然放射性对人体健康的最大威胁。氡在岩石中通过天然衰变产生，由于是气体，所以能逃逸出来。氡的密度比空气大，能在地窖和房屋里累积到危险的浓度。

气体所在

氡在花岗岩岩床区域最常见。在住宅里检测到氡之后，人们会用风扇和排气装置将其驱散。

钫 FRANCIUM

原子量：223（同位素钫223）
颜色：未知
物态：固体
熔点：27℃（估计值）
沸点：680℃（估计值）
晶体结构：体心立方

类型：碱金属
原子序数：87

87 Fr

　　放射性钫原子在地壳里转瞬即逝。钫是最后一种在自然界中发现的元素，由法国化学家玛格丽特·佩里于1939年发现。她用法国的名字(France)给这种元素命名，使钫成为继镓之后第二种获此荣誉的元素。

陷阱捕捉

　　在实验室中用氧离子轰击金靶可以生成钫。迄今人们提取到的最大数量的钫包含30万个原子，它被约束在磁陷阱里。与制造1立方厘米的钫所需要的原子数量相比，这点样本太少了。

300000 个原子

1立方厘米 ⊢—— 10000000000000000 个原子

镭 RADIUM

Ra 88

原子量：226
颜色：白色
物态：固体
熔点：700℃
沸点：1737℃
晶体结构：体心立方

类型：碱土金属
原子序数：88

XII
XI
X
1600 年
IX

II
III

死亡时钟

　　发光的镭涂料曾用于制造夜光钟表。镭的半衰期为1600年，这些有毒的时间标记再过几个世纪也不会暗淡下去。

　　镭于1898年被发现后，激发出公众的诸多想象。它的放射性化合物发出柔和的绿光，被当作恢复力的标志。但一代人时间后，人们充分认识到了镭对健康的危害。

万能药

　　20世纪初，人们把放射性物质当作包治百病的万能药出售，声称含镭的水和浴盐能提振精神，镭面霜能抗衰老，镭牙膏可让牙齿洁白。

糟糕的疗法

　　到20世纪20年代，镭的致癌作用已经很清楚了，尤其是它在骨骼里取代天然钙元素、导致癌变的现象。但直到20世纪50年代，还有不少人坚信镭疗法。

锕 ACTINIUM

原子量：227
颜色：银色
物态：固体
熔点：1050℃
沸点：3198℃
晶体结构：面心立方

类型：锕系元素
原子序数：89

89
Ac

锕是一种银色的致密金属，是锕系元素的第一种。锕系元素得名于锕，与它们在元素周期表中上一层的邻居镧系元素属于同一个体系。锕系元素全都具有放射性，其中包含几种最重的天然元素。

α射线源

锕在日光下显得平淡无奇，但在黑暗中会发出深蓝色辉光，这是它释放出的α粒子产生的。

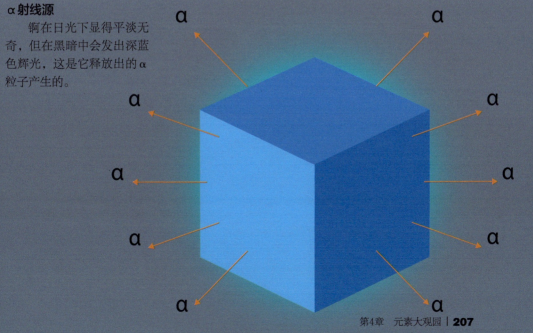

钍 THORIUM

Th 90

原子量：232.0381
颜色：银色
物态：固体
熔点：1842℃
沸点：4788℃
晶体结构：面心立方

类别：锕系元素
原子序数：90

钍是地球上最常见的放射性元素，有一系列独特用途，包括制造耐热玻璃和合金。钍从磷酸盐矿物独居石里提取。

Th
233

Th
232

50000吨
瑞典

50000吨
哈萨克斯坦

60000吨
芬兰

100000吨
中国

148000吨
南非

155000吨
俄罗斯

172000吨
加拿大

300000吨
委内瑞拉

320000吨
斯瓦尔巴（挪威）

380000吨
埃及

434000吨
美国

521000吨
澳大利亚

846500吨
印度

880000吨
土耳其

1300000吨
巴西

主要动力
　　钍衰变释放的能量是地球内部热量的主要来源。地球内部热量为火山活动和板块运动提供动力。

镤 PROTACTINIUM

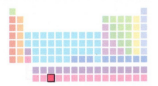

原子量：231.03588
颜色：银色
物态：固体
熔点：1568℃
沸点：4027℃
晶体结构：四方晶系

类型：锕系元素
原子序数：91

91
Pa

镤在自然界里的含量极少，主要存在于铀矿中。铀衰变成镤，后者再衰变成锕(actinium)。镤的名字就是这么来的，意思是"在锕之前"。

钍循环

钍有几种同位素能发生核裂变，释放出大量的热量。但这些同位素非常稀少，所以用钍当常规核燃料不太现实。不过，利用"钍燃料循环"来驱动核电厂的裂变反应是有可能实现的。

钍232同位素会吸收一个中子变成钍233，然后衰变成镤233，后者继续 衰变成铀233。这种合成的铀同位素能发生裂变，可以当核燃料使用。它裂变时释放出中子，被钍232吸收，开始新一轮循环。

Pa
233

U
233

中子

铀 URANIUM

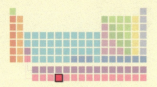

原子量：238.02891
颜色：银灰色
物态：固体
熔点：1132℃
沸点：4131℃
晶体结构：正交晶系

类型：锕系元素
原子序数：92

铀是人们最熟悉的放射性元素，也是第一种被发现的放射性元素。它最早于1788年被发现，1896年科学家从铀矿中首次发现了放射性存在的证据。许多其他放射性元素由铀衰变产生，所以它们也是通过分析铀矿发现的。

铀238

超过99%的铀是铀238，其半衰期为45亿年。也就是说，地球形成时拥有的铀现在只剩一半了。

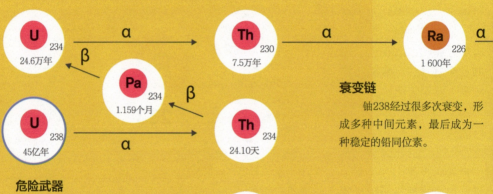

衰变链

铀238经过很多次衰变，形成多种中间元素，最后成为一种稳定的铅同位素。

危险武器

约0.7%的铀是铀235，即能产生链式反应的可裂变铀原子。全世界都在精炼铀提取这种同位素，它既是核电厂的热源，也是核武器的原料。不可裂变（但仍有放射性）的铀用于制造军用装甲。

澳大利亚	巴西	加拿大	哈萨克斯坦	蒙古	尼日尔	俄罗斯	乌克兰	美国	乌兹别克斯坦
28%	6%	12%	16%	2%	6%	5%	2%	3%	2%

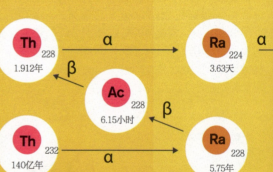

钍链

钍232的半衰期为140亿年，它的衰变链也终结于稳定的铅同位素。

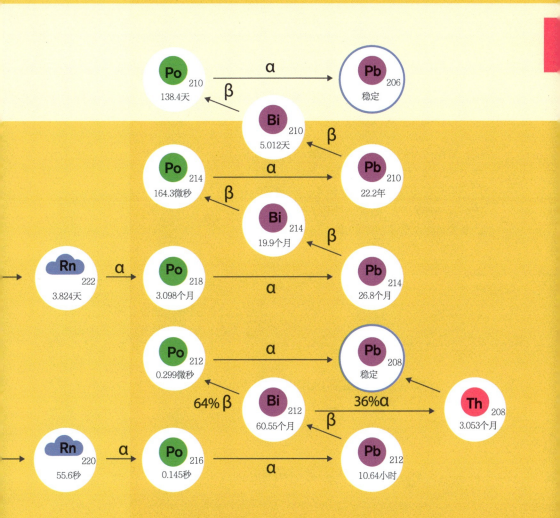

元素混合物

铀钍矿物（如沥青铀矿和独居石）包含其他几种痕量的放射性元素，其中镭和氡更易溶解，有可能被冲刷出来，逃逸到更广阔的环境中。

镎NEPTUNIUM

Np

93 Np

原子量：237
颜色：银色
物态：固体
熔点：637℃
沸点：4000℃
晶体结构：正交晶系

类型：锕系元素
原子序数：93

镎是第一种超铀元素，这表示它是人类发现的第一种比最重的天然元素铀更重的元素。它是在20世纪40年代对核反应堆的研究中发现的，后来从稀有的铀同位素的衰变链里发现了少量的镎。

行星计划

铀得名于在它之前不久被发现的天王星。于是当第93号元素被发现时，人们用下一颗行星海王星为其命名。此后不久发现的第94号元素以冥王星命名，当时冥王星还被当作行星看待。

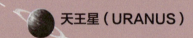

天王星（URANUS）

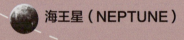

海王星（NEPTUNE）

化为乌有

最稳定的镎同位素的半衰期为200万年，这意味着幼年地球上的镎在8000万年时间里就衰变殆尽了。

冥王星（PLUTO）

80000000 年

钚 PLUTONIUM

原子量：244	**类型**：锕系元素
颜色：银白色	**原子序数**：94
物态：固体	
熔点：639℃	
沸点：3228℃	
晶体结构：单斜晶系	

94
Pu

钚是在第二次世界大战期间的核武器研究项目——"曼哈顿计划"中发现的。用辐射轰击铀使原子质量增加，可以产生钚。用这种方法制造出的许多同位素都相当稳定，半衰期以千年计。其中的一种同位素钚239可以裂变，是制造第一颗原子弹的原料。

大爆炸

第一颗原子弹的代号为"小玩意"，于1945年在美国亚利桑那州的三一核试验中试爆，使用了6.4千克钚，此后不久投在日本长崎的原子弹"胖子"与它几乎相同。

其间投在广岛的原子弹"小男孩"用的是铀，威力要小一些。与今天的军火库里充斥的热核武器相比，这些早期原子弹的威力都不值一提。苏联的热核武器"沙皇炸弹"产生了人类历史上最大规模的爆炸。

核弹当量（千吨）
57000

56995

25

20

15

10

5

0

"小玩意"
1945年

"小男孩"
1945年

"胖子"
1945年

"沙皇炸弹"
1961年

镅 AMERICIUM

Am 95

原子量：243
颜色：银白色
物态：固体
熔点：1176℃
沸点：2607℃
晶体结构：六方晶系

类型：锕系元素
原子序数：95

镅是分布最广的合成元素，烟雾报警器使用微量的镅——每个报警器大约含有1/3微克。

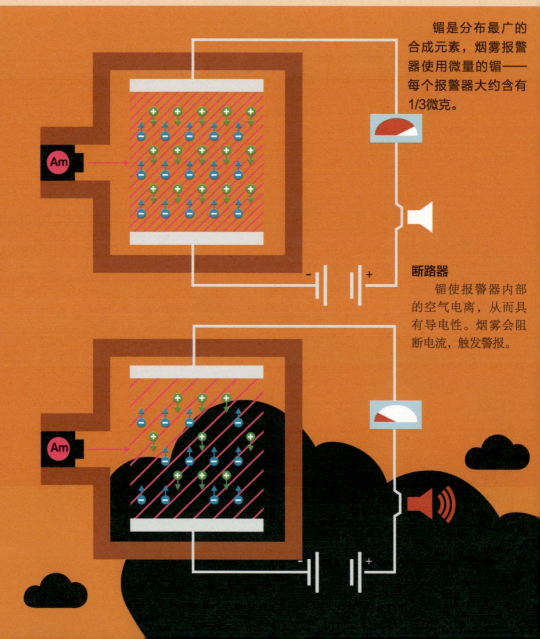

断路器

镅使报警器内部的空气电离，从而具有导电性。烟雾会阻断电流，触发警报。

锔 CURIUM

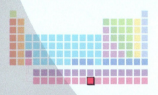

原子量：247
颜色：银色
物态：固体
熔点：1340℃
沸点：3110℃
晶体结构：六方紧密堆积

类型：锕系元素
原子序数：96

96
Cm

　　锔是一种很强的α射线源。它的大多数同位素衰变时都会释放出这种大粒子，因而在如今的太空探测器中起着重要作用，包括所有的火星车以及彗星着陆器"菲莱"。锔的放射性用于激发其他星球的岩石样本，产生的光使探测器能分析出样本成分。

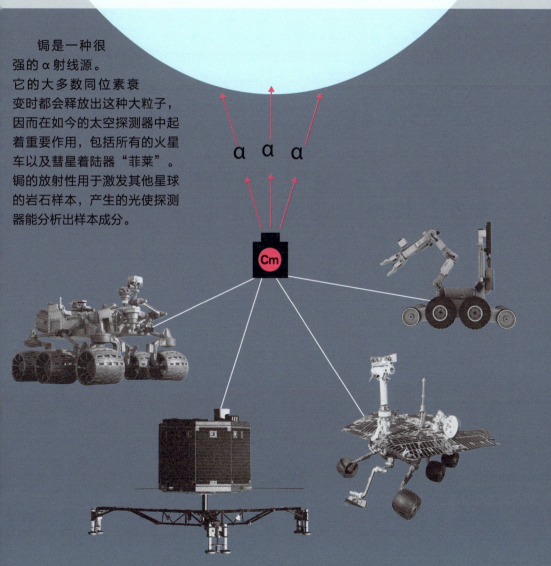

锫 BERKELIUM

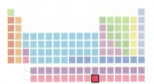

97
Bk

原子量：247
颜色：银色
物态：固体
熔点：986℃
沸点：未知
晶体结构：六方紧密堆积

类型：锕系元素
原子序数：97

锫被发现的时候，正值人类每几年就合成一种新元素的时期。给新元素起名字是件麻烦事，第95号到第97号元素的命名受到了元素周期表中上一个周期的启发。

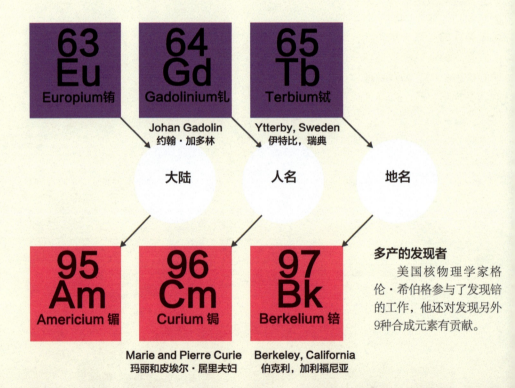

63 Eu	64 Gd	65 Tb
Europium铕	Gadolinium钆	Terbium铽

Johan Gadolin
约翰·加多林

Ytterby, Sweden
伊特比，瑞典

大陆　　人名　　地名

95 Am	96 Cm	97 Bk
Americium 镅	Curium 锔	Berkelium 锫

Marie and Pierre Curie
玛丽和皮埃尔·居里夫妇

Berkeley, California
伯克利，加利福尼亚

多产的发现者
美国核物理学家格伦·希伯格参与了发现锫的工作，他还对发现另外9种合成元素有贡献。

93 Np Neptunium镎	94 Pu Plutonium钚	95 Am Americium镅	96 Cm Curium锔	97 Bk Berkelium锫	98 Cf Californium锎	99 Es Einsteinium锿	100 Fm Fermium镄	101 Md Mendelevium钔	102 No Nobelium锘

锎 CALIFORNIUM

原子量：251
颜色：银白色
物态：固体
熔点：900℃
沸点：1745℃(估计值)
晶体结构：双层六方晶系

类型：锕系元素
原子序数：98

98
Cf

锎是制造许多大型超镄合成元素的原料。它还是一种极好的中子源，1微克锎每分钟能产生1.39亿个中子，因此用于核燃料点火，以及需要使用中子的医学检查和治疗。

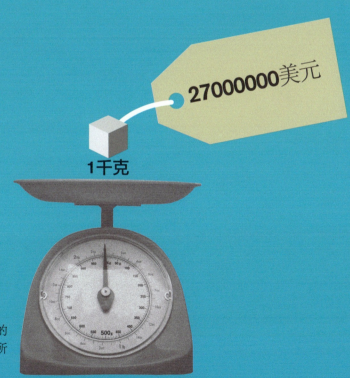

27000000美元

1千克

价格高昂
锎在所有应用领域的用量都很小，因为它是所有元素中最昂贵的。

锿 EINSTEINIUM

原子量：252
颜色：银色
物态：固体
熔点：860℃
沸点：未知
晶体结构：面心立方

类型：锕系元素
原子序数：99

　　锿于1952年在代号为"常春藤麦克"的核试验中被发现，以伟大的物理学家爱因斯坦(Einstein)命名。"常春藤麦克"是世界上第一个热核武器，这类武器也称为氢弹，其威力并非来自核裂变，而是通过放射性氢元素的聚变产生更为巨大的能量。不过启动聚变过程需要小规模的裂变爆炸。

50毫克

聚变的威力

　　在"常春藤麦克"核试验中，核弹里的铀原子吸收数十个中子，生成锎253，后者衰变成锿。以"常春藤麦克"的巨大威力，也只产生了约50毫克锿。

眼见为实

　　在产量多到足以用肉眼（勉强）看见的元素中，锿是最重的一种。

**1000 万吨
TNT 当量的爆炸**

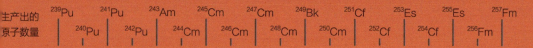

生产出的
原子数量

²³⁹Pu ²⁴¹Pu ²⁴³Am ²⁴⁵Cm ²⁴⁷Cm ²⁴⁹Bk ²⁵¹Cf ²⁵³Es ²⁵⁵Es ²⁵⁷Fm
  ²⁴⁰Pu ²⁴²Pu ²⁴⁴Cm ²⁴⁶Cm ²⁴⁸Cm ²⁵⁰Cm ²⁵²Cf ²⁵⁴Cf ²⁵⁶Fm

镄 FERMIUM

原子量：257
颜色：未知
物态：固体
熔点：1527℃
沸点：未知
晶体结构：未知

类型：锕系元素
原子序数：100

100
Fm

10^{22}

10^{21}

10^{20}

10^{19}

10^{18}

10^{17}

镄得名于美籍意大利物理学家恩里科·费米(Enrico Fermi)，他率先实现受控核裂变链式反应，开启了核武器和核能竞赛。镄于1952年在"常春藤麦克"核试验的余波中首次现身，它有19种同位素，最稳定的一种的半衰期为100天。

10^{16}

产量递减

镄是核爆炸产生的最重的超铀元素。随着原子序数的递增，这类元素的产量逐渐减少。

不过，核粒子数量为偶数的同位素更容易产生，因为它们的核粒子稳定地成对存在。

10^{15}

原子质量数

10^{14} 240   245   250   255

超镄元素

原子序数比镄（第100号元素）更大的元素分为两种，其中第101号到第103号元素填满锕系元素的格子，其他元素构成周期表中的第7个周期，称为超重元素。

钔 MENDELEVIUM(101)

得名于元素周期表的发明者、俄国人德米特里·门捷列夫。同位素钔250会自发裂变成两半，不按普通方式衰变。

锘 NOBELIUM(102)

得名于瑞典化学家、因发明炸药而致富的慈善家阿尔弗雷德·诺贝尔。锘是第一种所有同位素的半衰期都小于1小时的元素。

铹 LAWRENCIUM(103)

得名于美国科学家欧内斯特·劳伦斯（Ernest Lawrence），粒子加速器的发明者。粒子加速器对制造合成元素至关重要。

𨨏 BOHRIUM(107)

得名于量子物理学的奠基人之一尼尔斯·玻尔（Niels Bohr）。该元素最稳定同位素的半衰期仅为61秒。

𨭆 HASSIUM(108)

得名于德国的黑森州（Hesse），该元素首次合成的地点。这种金属元素的半衰期为30秒。

𨭬 MEITNERIUM(109)

理论预测它是地球上最致密的物质，每次只能造出几个原子。它是第二种以女性人物命名的元素，得名于参与发现核裂变现象的莉泽·迈特纳(Lise Meitner)。

𬭊 NIHONIUM(113)

该元素于2004年首次在日本合成，以日本命名。它是第3族元素中的一员，但它的物理性质和化学性质尚不清楚。

𫓧 FLEROVIUM(114)

该元素会与金发生反应，是迄今能生成化合物的最大元素，得名于俄罗斯物理学家格奥尔基·弗廖洛夫(Georgy Flyorov)。

镆 MOSCOVIUM(115)

得名于俄罗斯首都莫斯科，它的所有同位素的半衰期都不足1秒。

超镄元素之战

对于怎样给第一批超重元素命名，美国和苏联之间进行了一番纠缠不休的政治斗争。

两国科学家就谁首先发现了这些元素各执一词。相关争议持续了35年，直到1997年，第104号到第109号元素才获得了国际公认的命名。

𬬻 RUTHERFORDIUM (104)

过渡元素里的第一种超重元素，得名于新西兰科学家欧内斯特·卢瑟福(Ernest Rutherford)，他于1911年发现了原子核。

𬭊 DUBNIUM (105)

得名于莫斯科附近的杜布纳市(Dubna)，俄罗斯联合核子研究所的所在地，该元素首次合成的地点。

𬭳 SEABORGIUM (106)

得名于格伦·希伯克(Glenn Seaborg)，他是在世时姓名就用于命名元素的第一人。

𫟼 DARMASTADTIUM (110)

据认为它是一种性质与铂相似的金属，但最稳定同位素的半衰期仅有10秒。

𬬭 ROENTGENIUM (111)

得名于X射线的发现者威廉·伦琴(Wilhelm Röntgen)，理论预测它是一种贵金属，类似于金和银。

鿔 COPERNICIUM (112)

得名于尼古拉·哥白尼(Nicolaus Copernicus)，他指出地球绕太阳运转，而不是太阳绕地球运转。理论预测这是一种金属元素，但在标准条件下是气体。

𫟷 LIVERMORIUM (116)

该元素的放射性很强，所有同位素的半衰期都短到以毫秒计。

鿬 TENNESSINE (117)

该元素是最重的卤素、第7族元素中的一员。理论预测它是一种金属，物理性质与铅相似。

鿫 OGANESSON (118)

该元素是一种稀有气体，得名于俄罗斯科学家尤里·奥加涅相(Yuri Oganessian)。在姓名用于给元素命名的人中，他是唯一尚在人世的。鿫只有一种同位素，半衰期为0.7毫秒。

未来会怎样

如果未来合成出更多的超重元素，元素周期表中的第8个周期将开始形成。杰出的美国粒子物理学家理查德·费曼(Richard Feynman)预测，有可能形成的最大原子是第137号元素（绰号Feynmanium），超过这个规模时，中子就会自发湮灭。有些科学家不同意这个看法，我们且拭目以待。

词汇表

α 粒子 某些放射性衰变产生的粒子，由两个质子和两个中子组成，带两个正电荷。

半径 圆形或球体的中心到边缘的距离。

半衰期 不稳定的放射性原子样本减少一半所需的时间，用于衡量物质的不稳定程度。

波长 某波峰与邻近波峰之间的距离。光的波长直接代表它所含能量的多少。

超导体 没有电阻的物质。

催化剂 能加快两种或更多物质之间化学反应速度的物质。催化剂在反应中不会消耗掉。

电荷 亚原子粒子的一种电属性，也适用于更大的物体。异性电荷相吸，同性电荷相斥。

电子 原子周围的一种带负电的粒子。

放射性 不稳定元素的一种行为，原子核里将质子和中子维系在一起的力量不足以持续下去，最终发生衰变，或者释放出质量与能量。

分子 化合物的最小单位。

轨道 围绕原子核的区域，电子位于这一区域中。

过渡金属 元素周期表里最大的一个系列，构成表格的中间部分，或说过渡区。

合金 金属的混合物。

化合价 原子能与其他原子形成的化学键的数量。

聚变 两个较小的原子融合成一个较大的原子。

夸克 一种大小与电子相似的亚原子粒子，构成中子、质子和其他奇异粒子。

离子 因为失去或得到电子而带电荷的原子。

裂变 一个原子分裂成两个差不多大小的原子。

摩尔 数量的标准单位，用于衡量原子和分子的数目。

衰变 不稳定的原子发生分裂，变成另一种元素的原子。

同分异构体 原子数目和类型相同但排列方式不同的分子。

同位素 质子数量相同但中子数量不同的原子。所有元素都有一种或几种同位素。

冶炼 用矿石制取纯金属的化学过程。

原子 物质的最小单位。原子可以分成更小的粒子——质子、中子和电子。

原子核 原子的核心，拥有几乎全部的原子质量。

原子量 原子核里粒子数量的度量。

原子序数 原子里的质子数量。特定元素的原子总有着相同的原子序数。

正电子 电子的反物质，带正电荷。某些类型的放射性衰变会释放正电子。

正离子 带正电的离子。

质子 所有原子核里都存在的一种粒子，带正电荷。每种元素原子核里的质子数量都是独一无二的。

中子 除了氢的最常见同位素，所有原子核里都存在的一种粒子。中子不带电荷。

周期 元素周期表里横向的行，其中元素的化学性质呈现有规律的（周期性）变化模式，所以叫作周期。

族 元素周期表里纵向的列，同族元素拥有多种相似的性质。

索引

图片出处

4-5 © arleksey; 6-7 © tj-rabbit; 14 © 3D Vector; 15 © By TuiPhotoEngineer; 21A © By koya979, 21B © By JIANG HONGYAN, 21C © By Dim Dimich, 21D © By Dim Dimich; 23A © By eAlisa, 23B © By Chansom Pantip, 23C © By Rob Wilson, 23D © By Petr Novotny; 27A © by koya979, 27B © By mountainpix, 27C © By Denys Dolnikov, 27D © By Artography, 29A © By rCarner, 29B © By LukaKikina, 29C © By TuiPhotoEngineer, 29D © Chones, 29E © By Oldrich; 31A © By RACOBOVT, 31B © By rosesmith, 31C © By USJ, 31D © By Africa Studio, 31E © By Aleksey Klints; 36 © By Vladystock; 48A © By Thammasak Lek, 48B © By Volodymyr Goinyk, 48C © By boykung, 48D © By rCarner, 48E © By Oleksandr Lysenko, 48F © By Jojje; 49 © By cigdem; 65A © By boykung, 65B © By Mivr, 65C © By Cagla Acikgoz, 65D © By Fribus Mara, 65E © By Aleksandr Pobedimskiy, 65F © By Coldmoon Photoproject, 65G © By dorky, 65H © By Jiri Vaclavek, 65I © By Aleksandr Pobedimskiy, 65J © By Bramthestocker; 90A © By boykung, 90B © By gresei, 90C © By joingate, 90D © By Fotofermer; 91A © By Peangdao, 91B © By ifong, 91C © By Subject Photo; 102A © By Ensuper, 102B © By decade3d, 102C © By Ian 2010, 102D © By Valentyn Volkov, 102E © By Janthiwa Sutthiboriban, 102F © By Iraidka, 102G © By Juris Sturainis; 103A © By Karin Hildebrand Lau, 103B © By totojang1977, 103C © By oksana2010, 103D © By AlenKadr, 103E © By manusy; 111A © By masa44, 111B © By Alexey Boldin, 111C © By KREML; 113A © By Guillermo Pis Gonzalez, 113B © By M. Unal Ozmen, 113C © By cobalt88, 113D © By Photo Love, 113E © By Fotokostic; 114A © By azure1, 114B © By VanderWolf Images, 114C © By Michal Sanca, 114D © By pattang, 114E © By Nyvlt-art; 115A © By Vereshchagin Dmitry, 115B © By Philmoto, 115C © By Rawpixel. com; 116A © By Andrii Symonenko, 116B © By Pablo del Rio Sotelo, 116C © By pattang, 116D © By Madlen, 116E © By Peter Sobolev; 117A © By Peter Sobolev, 117B © By Adam Vilimek; 120A © By Somchai Som, 120B © By Merydolla; 121A © By WhiteBarbie; 122 © By Dennis Owusu-Ansah; 123 © By Zanna Art; 125A © By Sergiy Kuzmin, 125B © By Vlad Kochelaevskiy, 125C © By slhy, 125D © By Rawpixel.com; 126A © By Gloriole, 126B © By wk1003mike, 126D © By Oleksandr Rybitskiy; 127A © By donatas1205, 127B © By Lorant Matyas, 127C © By koosen; 131A © By Fotovika, 131B © By Luisa Puccini, 131C © By Vachagan Malkhasyan, 131D © By Garsya; 132A © By tale, 132B © By Jeff Whyte, 132C © By Scanrail1, 132D © By Garsya; 133A © By Medical Art Inc, 133B © By Hein Nouwens, 133C © By bergamont, 133D © By Yevhenii Popov, 133E © By Brilliance stock, 133F © By Kalin Eftimov, 133G © By Abramova Elena, 133H © By JIANG HONGYAN, 133I © By Superheang168, 133J © By AlenKadr; 134A © By noreefly, 134B © By ifong; 137A © By Panos Karas, 137B © By Nikandphoto, 137C © By l000s_pixels; 138A © By Volodymyr Krasyuk, 138B © By Taigi, 138C © By Sashkin; 139A © By Oleksandr Kostiuchenko, 139B © By Alexey Boldin, 139C © By horiyan, 139D © By Rawpixel.com, 139E © By wk1003mike, 139F © By s-ts; 144A © By Planner, 144B © By Joshua Resnick, 144C © By Lorant Matyas, 144D © By Madlen, 144E © By Constantine Pankin; 145A © By Ivelin Radkov, 145B © By Elenarts, 145C © By ar3ding, 145D © By Richard Peterson; 146A © By NikoNomad, 146B © By gritsalak karalak, 146C © By Konstantin Faraktinov; 148 © By Yurchyks; 149A © By Dmitrydesign, 149B © By Oliver Hoffmann, 149C © By Mariyana M, 149D © By drawhunter, 149E © By elnavegante; 150A © By Ninell, 150B © By horiyan, 150C © By stockphoto mania, 150D © By Oleksandr Kostiuchenko, 150E © By mtlapcevic; 151A © By Peangdao, 151B © By ifong, 151C © By Subject Photo, 151D © By MOAimage, 151E © By Kichigin; 152A © By Jojje, 152B © By KREML, 152C © By Kulakov Yuri, 152D © By A. L. Spangler; 154A © By Aaron Amat, 154B © By Marco Vittur, 154C © By James Steidl, 154D © By RACOBOVT, 154E © By Vereshchagin Dmitry; 159 © By Triff; 160A © By Mr. SUTTIPON YAKHAM, 160B © By Vereshchagin Dmitry, 160C © By Jojje, 160D © By Pavel Chagochkin, 160E © By Vachagan Malkhasyan, 160F © By Nerthuz, 160G © By Rawpixel.com; 162 © By Johannes Kornelius; 167 © By Kvadrat; 168A © By Sergey Peterman, 168B © By Sofiaworld, 168C © By VFilimonov, 168D © By Sementer; 169A © By decade3d - anatomy online, 169B © By Panda Vector; 170 © By Chones; 173A © By VFilimonov, 173B © By Cronislaw, 173C © By ARTEKI; 175A © By Accurate shot, 175B © By Elnur, 175C © By Fruit Cocktail Creative; 176A © By Mauro Rodrigues, 176B © By Jiri Hera, 176C © By Andrey Lobachev; 177A © By cigdem, 177B By NPeter; 178 © By Frederic Legrand - COMEO; 179A © By cobalt88, 179B © By Yuliyan Velchev; 180 © Abert; 181 © cobalt88; 183 © James Steidl; 184 © Palomba; 185 © eAlisa; 189 © Nicolas Primola; 191A © Somchai Som, 191B © MIGUEL GARCIA SAAVEDRA; 193B © Beautyimage, 193B © Somchai Som, 193C © Andrey Burmakin, 193D © Pan Xunbin; 194A © Johan Swanepoel, 194B © Ozja, 194C © Hedzun Vasyl; 197 © stockphoto mania; 199A © Vachagan Malkhasyan, 199B © Gino Santa Maria; 200A © Carlos Romero, 200B © Lukasz Grudzien, 200C © Volodymyr Krasyuk, 200D © Petr Salinger; 202A © Susan Schmitz, 202B © Kazakov Maksim, 202C © Jojje, 202D© Libor Fousek, 202E © Aleksey Stemmer, 202F © SOMMAI, 202G © serg_dibrova, 202H © Aleksey Klints; 205A © Sashkin, 205B © Cozy nook; 206A © pattang, 206B © TairA, 206C © RACOBOVT; 207A © Kostsov; 212A © NPeter, 212B © Vadim Sadovski, 212C © Vadim Sadovski, 212D © NASA images; 213 © KREML; 215A © u3d, 215B © ESA/ATG medialab, 215C © Jaroslav Moravcik, 215D © tsuneomp; 217 © stockphoto mania